스토리가 있는 발코니

최권종 지음

머리말

 광장이 내려다보이는 멋진 건물에 뻗어 내민 발코니를 보면 그곳에 올라 두 팔을 벌려 하늘을 올려다보고, 광장에 모인 사람들을 굽어보며 연설을 하고 싶은 욕망이 생길 것이다. 그리고 홀로 서서 멀리 펼쳐진 세상의 풍경을 즐기고 싶을 것이다. 발코니는 건축물의 외벽에 접하여 부가적으로 설치되는 공간으로 보통 난간으로 둘러싸여 있다. 발코니는 건축물의 내부와 외부를 연결하는 완충 공간으로 전망이나 휴식 등을 목적으로 설치한다. 이러한 발코니 공간은 나만의 프라이버시를 위한 특별한 장소이기도 하지만 한편 이웃과 대화를 할 수 있는 열린 공간이기도 하다.
 발코니는 고층 건축물이나 주거 공간에서 뿐만이 아니라 미술과 공연 등에서 상징성 있는 특별한 장소로 다루어지기도 한다. 그리고 문학에서도 종종 중요 소재로 이용되곤 한다. 뮤지컬이나 영화에 나오는 발코니는 영상미를 높이는 효과가 있어, 외로이 세상을 바라보며 사색하거나, 연인들이 애틋한 대화를 나누는 장소로 이용되기도 한다. 셰익스피어의 작품 속에 나오는 베로나의 줄리엣 집 발코니는 줄리엣과 로미오가 사랑의 밀어를 나누는 곳으로 유명하다. 그 발코니를 보기 위해 많은 청춘 남녀들의 행렬이 줄을 잇는다. 오페라 하우스의 발코니 석은 중세 귀족들이 즐겨 이용하는 프라이버시를 위한 특별한 공간이었으며 비밀스럽기까지 하다. 또한 발코니는 자신의 생각을 전달하려 했던 사회적 리더들에게도 중요한 장소였다. 정치가나 선동가들에게는 긴박하거나 필요할 때 군중들에게 직접 메시지를 직접 전달하는 중요 장소로 쓰였다. 특히 광장으로 향한 발코니는 광장에 운집한 군중들에게 메시지를 전달할 수 있는 훌륭한 장소이다. 그래서 외국의 정치인들은 좋은 일이 생겼거나 군중과 긴박한 소통이 필요할 때에는 광장에 면한 발코니를 자주 이용하여 왔다. 지형적으로나 문화적, 사회적으로 떠오르는 발코니 이미지는 그 자체로 개성과 특별함, 독립적이고 고유한 장소성을 내포하고 있다. 때로 그곳에서 몸을 던져 자신의 생명을 가르는 위험한 장소로도 이용되기도 한다.

   발코니는 전적으로 서양적인 것이 아니다. 우리의 전통 건축에서도 발코니의 모습을 발견할 수 있다. 비록 1층 구조 형식이지만, 기와집은 방문을 열면 지면에서부터 적당히 높은 작은 마루가 있는데, 거기에 서면 내부 안마당을 비롯하여 산과 들을 볼 수 있다. 주로 2층 구조인 누樓 건축물들은 외부 기둥에서 뻗어낸 마루에 서거나 양반 자세로 앉아 자연 풍광을 조망할 수 있도록 만들어 졌고, 마루 끝에는 안전을 위한 목조 난간을 멋스럽게 장식하여 설치하였다. 외국의 고층 건축물이나 전망탑에도 발코니 공간을 만들어 방문하는 사람들에게 높은 곳에 올라앉아 풍광을 조망하고 즐길 수 있도록 하고 있다. 이런 건축물의 발코니는 생활에 지친 도시 사람들에게 더 넓은 세상을 보여 주는 역할을 하여 많은 사람들이 가고 싶어 하는 곳이 되기도 한다.

과거로부터 우리는 집을 지어 생활해 왔다. 비록 짓는 방법과 형식의 차이는 있었지만 가족을 이루어 살아갈 공간Shelter이 필요했기 때문일 것이다. 처음에는 자기가 사는 집을 스스로 지어 생활하였겠지만 기술이 발달하면서 분업화가 된 후로는 건축을 전문으로 하는 집단에게 필요한 집을 짓게 하였다. 도시화에 따라 주택의 형식도 단독 주택에서 많은 사람이 효율적으로 모여 사는 공동 주택으로 변해 왔다. 거주지를 옮길 필요가 있을 때에는 지어진 집을 찾아 사고팔면서 이주했다.

고대 로마 시대부터 짓기 시작한 공동 주택인 아파트는 세계 여러 나라 도시에서 중요 주거 형태로 발전하고 있다. 우리나라에서는 60년이라는 짧은 시간 동안에 주된 주거 형태가 단독 주택에서 아파트로 바뀌어 왔다. 우리나라 아파트 평면은 초기에 유럽식 영향을 받았지만, 시대를 거치면서 우리만의 독특한 평면 구조를 갖추게 되었다. 아파트는 지역과 나라에 따라 생활양식이 달라 평면의 구조도 다양하게 나타나지만, 겹겹이 쌓인 단위 세대로 구성된 아파트는 외부에서 보여지는 모습은 유사하다. 우리나라 사람들이 가장 선호하는 주거 유형인 아파트는 주거지로서 인식될 뿐만 아니라 재산으로서의 경제적 가치가 매우 중요하게 부여되고 있다. 때로는 아파트 문제가 사회적으로나 정치적으로도 많은 관심의 대상이 되기도 한다. 저자는 이 책에서 우리에게 소중한 보금자리가 된 아파트의 변화 과정과 아파트가 주된 주거 형태로 자리 잡아 간 과정을 정리하여 보았다. 그리고 우리에게 중요한 아파트에 얽힌 스토리를 서구와 우리나라를 중심으로 정리해 보았다.

　주택에서 발코니는 매우 중요한 부분으로 여러 주거 기능을 담는 소중한 역할을 한다. 알프스 주변 산간 마을 건축물은 목조 구조로 된 ∧자 형태의 경사 지붕으로 대부분 축조되어 있고, 그 처마 아래 전면 발코니가 층별로 수평적으로 길게 매달린 듯 설치되어 있다. 그 발코니 상단에는 냄새가 독특한 제라늄과 같은 화초와 푸른 줄기 위에 붉게 피어 오른 꽃들로 장식되어 있다. 장식된 화초들은 향기로 산간 지방의 벌레들의 접근도 막지만, 산간 지방에 어울리는 그림 같은 풍경을 만들어 내고 있다. 발코니에 나가 서면 멀고 가깝게 펼쳐지는 산과 계곡의 풍광이 시야를 황홀하게 한다. 자연스럽고 멋진 풍광을 만들어 내는 발코니의 매력적인 모습이다.

　단독 주택과 아파트에서 발코니는 실외와 실내를 이어 주는 접속 공간이다. 건축물의 날개와 같아 장식적이면서 단독 건축물의 처마와 같기도 하고, 외부를 조망하고 햇볕을 받을 수 있는 건강을 위한 공간이며 주 공간을 보조하는 기능적으로 훌륭한 물리적 공간이다. 17세기에 스페인 바로셀로나 시市는 도로에 면한 건축물의 발코니 형태가 거리의 경관에 영향을 준다는 것을 알고 건축 지침을 만들기도 하였다. 발코니는 고유 기능뿐만 아니라 건물 디자인 요소로 중요하게 작용한다. 마당이 있던 개방된 집에서 입체적으로 닫힌 공간인 아파트로 옮겨 오면서, 거실과 거기에 연결된 발코니의 역할은 매우 다양하게 나타났다. 그런데, 우리나라의 건축가들에게는 아파트 발코니가 그리 이상적인 장소로 인식되지 못한다. 우리나라에서는 발코니의 사용 방법과 가치를 달리 여기고 있기 때문일 것이다. 우리나라 사람들은 발코니를 서비스(공짜) 공간으로 인식하는 경향이 강하다. 나만의 공간을 소유하고 싶은 욕망에서 여러 이유로 대다수 가구가 공적 공간의 성격이 있는 발코니에 새시를 설치하여 이를 사적 공간화하였고, 발코니 확장을 허용하는 제도를 시행하여 서비스 면적을 전용 면적으로 사용할 수 있게 해 주었다. 그로 인해 아파트는 물론이고 저층 다가구 주택까지 발코니를 설계하고, 이를 전용 공간화하고 있다.

필자는 오랫동안 아파트 설계와 건설 관련 분야에 몸담고 있으면서 우리나라만의 독특한 아파트 문화와 거기에 꼭 필요한 발코니의 중요성을 강조하였다. 발코니를 확장하면 많은 이점이 있을 수 있다. 하지만 이를 반드시 해야만 하는 것일까 하는 의문을 가지고 있다. 이에 발코니의 의미와 역할을 다시 한 번 되돌아보고, 발코니의 진정한 역할은 무엇인지 환기시키고자 관련 내용을 정리해 보았다. 저자는 이 책에서 사라지고 있는 발코니를 생활의 오아시스 같은 공간으로 활용하는 방법을 제시하고, 발코니의 중요성을 강조하였다. 우리는 발코니를 없어도 되는 공간, 곁들여 더 주는 서비스 공간, 전용화로 바꿀 수 있는 공간으로 인식하는 '위험성'에서 벗어나야 한다는 염원에서······.

2019. 초하初夏.
나만의 설계실에서

차례

제1편 스토리가 있는 발코니

1장 발코니 의미 • 17
   1. 발코니의 시작 • 19
   2. 베란다, 테라스, 발코니 구분 • 24
   3. 발코니 규정 • 41
      – 우리나라 아파트 발코니 • 41
      – 외국 아파트 발코니 • 44

2장 우리 옛 건축에서 묻어나는 발코니 • 49
   1. 우리 전통 건축에서의 발코니 모습 • 51
   2. 고택古宅에서 볼 수 있는 발코니 모습 • 59
   3. 누樓 건축에 묻어나는 발코니 모습 • 74

3장 대중과 함께하는 발코니 • 87

   1. 문화적 공간 속의 발코니 • 89

      – 명화 속에 표현된 발코니 • 89

      – 문학 작품 속 중요 요소로서의 발코니 • 98

      – 공연장 속의 발코니 • 106

   2. 도시 공간 속의 발코니 • 111

      – 광장과 발코니 • 111

      – 축제 행사 무대가 된 발코니 • 114

      – 정치적 소통의 장소로서의 발코니 • 119

   3. 조망을 위한 발코니 • 131

      – 도심 공간의 발코니 • 131

      – 도시를 조망하는 발코니 • 134

      – 자연을 향한 발코니 • 144

   4. 위험한 장소가 된 발코니 • 156

4장 도시 디자인 요소가 되는 발코니 • 163

   1. 건물의 멋을 내주는 발코니 • 165

   2. 발코니가 없는 주거용 건물 • 187

제2편 아파트와 발코니

5장 서구에서 시작된 아파트 • 195
    1. 아파트의 유래 • 197
    2. 중세 시대 아파트 • 203
    3. 산업 혁명과 근대 아파트 시작 • 209
    4. 판상형 아파트와 현대식 아파트 • 216

6장 우리나라 아파트 • 229
    1. 주거의 의미와 아파트 주거 문화로의 변화 • 231
    2. 우리나라 아파트 시작 • 235
    3. 우리나라의 공동 주택 구분 • 246

7장 아파트 발코니 • 251
    1. 아파트 발코니의 시작 • 253
    2. 우리 아파트 발코니의 스토리 • 258
    3. 생활 공간에서의 발코니 • 265
        – 전면 발코니의 휴식 기능과 시각적 안전성 • 266
        – 배면 발코니의 실내 공간 연장 기능 • 269
        – 조경 생활 공간으로서 발코니 • 270
        – 발코니 구조적 역할 • 275

8장 아파트 발코니 확장 • 281

    1. 발코니 확장의 특징 • 283

    2. 발코니 확장의 좋은 점과 문제점 • 287

    3. 발코니 확장의 영향 • 292

    4. 발코니 확장과 분양의 허상 • 302

9장 살기 좋아지는 아파트 • 313

    1. 발코니가 있는 집 • 315

    2. 친환경으로 변신하고 있는 아파트 • 328

제1편

스토리가 있는 발코니

1장

발코니 의미

발코니는
특별한 구조를 갖는 공간으로
고대 로마 시대에서부터 있어 왔다.
발코니는
건축물에서 특별한 역할을 한다.

역사적으로
인간은 집을 갖기 시작하면서부터
지역마다 색깔 있는 건축을 하여 왔다.
집에서 삶을 누리며
발코니의 가치를 알게 되었고
지역에 맞는 형태로 발전시켜 왔다.

1장 발코니 의미

1
발코니의 시작

발코니Balcony는 거실居室의 연장으로 건물 외부에 달아내어서 만든 돌출된 작은 공간을 말하는데, 스페인어 '발콘'Balcon에서 유래하였다. 건물 외부에 덧붙여 설치된 발코니는 지붕은 없고 난간만 있으며 실내 공간을 외부와 연결하는 역할을 한다. 광장에서 행사가 있을 때는 연단으로 이용되며, 공연장이나 성당의 발코니는 특별한 장소의 의미를 가지고 이용되었다. 공동 주거 형태인 아파트에서 발코니는 단독 주택의 마당을 대신하는 역할을 하며, 바깥 공기와 접하는 매개 공간이 된다. 문을 열고 발코니에 서면 주변 경관을 조망하기 좋고, 발코니에 관상용 식물을 재배하며 생활의 활력을 찾기도 한다. 또한 발코니는 주거 생활에서 여타 공간의 기능을 보조해 주기도 하고, 화재와 같은 재난이 발생하였을 때 피난을 할 수 있는 안전을 위한 공간으로서의 역할도 한다.

스페인 지중해 연안의 작은 휴양 도시 네르하Nerja는 '유럽의 발코니'로 불린다. 스페인 북부에 위치한 가장 큰 자치주州의 하나인 카스티야 이 레온Castilla y León 지방의 왕이었던 알폰소 11세가 네르하를 방문하였을 때 이곳의 전망에 감동을 받아 '유럽의 발코니'라고 한 데서 유

스토리가 있는 발코니

래되었다. 스페인에는 또한 '지중해의 발코니'로 불리는 곳도 있다. 바로셀로나 아래에 위치한 바닷가 타라고나에는 '지중해의 발코니Balcon del Bediterrani'라는 별명을 가진 전망대가 있다. 이처럼 발코니에는 '전망이 좋은 곳'이란 상징적인 의미가 숨어 있다.

네르하Nerja
위치와 전경

발코니의 기원은 로마 시대에 상류 계급이 사용하였던 주택인 도무스 Domus에서 시작되었다. 한편 서민들의 집단 주거인 인슐라Insula에는 발코니를 강제적으로 설치하게 되어 있었는데, AD 64년에 발생한 유명한 로마 대화재 이후 새로이 건축되는 인슐라에 발코니를 의무적으로 설치하게 하였다고 한다. 로마 대화재는 6일이나 지속되며 시내의 절반을 태워 버렸고, 이에 네로 황제는 시가지를 새로 정비하면서 몇 가지 원칙을 세웠다. 모든 시가지는 격자형으로 만들되 각 블록에는 소방 도로를 두며, 블록 내의 인슐라는 부실을 방지하기 위해 7층 이하로 건축할 것, 화재의 확산을 방지하기 위해 인슐라는 서로 30피트의 간격을 둘 것, 각 인슐라는 화재 시에 다른 세대로 대피할 수 있도록 베란다를 설치할 것 등이 그것이다. 이것들은 이천 년이 지난 지금도 지켜지고 있다.

도쿄대 이과대학 교수인 쿠마 료헤이는 유럽에서 발코니가 가장 잘 정착한 스페인 바로셀로나와 카탈루냐 지방의 도시와 건축 외관의 변천을 연구하면서, 14세기부터 19세기까지의 건물의 개구부의 변화를 조사하였다. 그에 따르면 발코니는 고대 로마 시대의 공동 주택에 존재하고 있었지만 그 이후 중세 시대까지는 건물에 발코니가 거의 설치되지 않았다. 그러다 르네상스 시대에 이르러 피렌체와 베니스에서 발코니가 출현하였다. 하지만 암스테르담 등 일부 유럽 도시에서는 아직 발코니를 설치하지 않았다. 스페인의 일부 도시에서 16세기 들어 발코니를 갖춘 건축물이 나타났다. 방어적인 성격을 갖춘 고딕 시대 아치형의 연속 창은 시대를 거치면서 개방적으로 바뀌어 사각형 창문으로 변화해 갔다. 16세기에는 미서기창이 나타났으며, 18세기에 이르면 발코니는 이미 건물 외관의 미적 구성 요소가 되어 있었다. 발코니는 17세기부터 광범위하게 설치되기 시작하였고, 이는 도시의 풍광을 변화시켰다. 건축물의 돌출부 증축이 증가됨에 따라 가로街路 공간의 교통·위생 환경이 악화되기 시작하자 바로셀로나 시市는 1771년에 건축물 돌출부의 길이를 규정하는 법을 제정했다. 이 법은 19세기까지 거리 폭에 따라 발코니 등의 돌출부 길이를 결정하는 기준이 되었다. 17~18세기에 서민 주택의 발코니는 벽돌에 연철을 이용해 달아매고 벽돌마루 구조로 만들어졌다. 또한 18세기 말에는 벽돌 구조의 발전적 공법인 카탈루냐·볼트 구조 방식이 사용되기 시작했다. 19세기에는 석재보다 철재 발코니가 주로 만들어졌다. 당시 발코니는 통일적인 외관을 구성하는 외형 요소로서의 중요성이 줄어들어 돌출 길이뿐만 아니라 폭과 모양, 재료가 규제되기 시작했다. 결국 1856년 바로셀로나 시 조례는 발코니 등의 돌출 요소, 건물 높이, 개구부의 배열, 마무리 등을 상세하게 규정하기에 이르렀다.[1]

발코니의 어원이 스페인어 발콘Balcon에서 유래되었듯이 발코니의 설치와 이에 대한 규제는 유럽의 다른 나라보다 주로 스페인에서 발전해 왔다. 바로크 시대에 프랑스에 등장한 가장 중요한 주거 형식은 대규모 광장을 중심으로 집합적으로 건축된 상류층 주택이었다. 타운하우스 town house 형식의 이 도시형 주택은 주로 기하학적 형태의 광장에 면해서 건축되었고, 창을 반복적으로 배열하고 주택이 좌우 대칭적으로 구

---

[1] 쿠마 료헤이(熊谷 亮平), '발코니를 중심으로 본 도시 주거 공간의 형성 과정-바르셀로나 구시가지와 확장 지역을 대상으로-', 일본 도쿄대 박사학위 논문, 2008.

성됨으로써 르네상스적 특징을 나타내었다. 이것은 궁전 건축의 외관과 그 반복적인 공간 구성 체계가 주택 건축에 적용된 것을 의미하는데, 광장과 연계된 새로운 형식의 도시 주택이 등장하는 계기가 되었다. 아파트는 폭이 좁고 긴 대지에 건축되어야 했으므로 평면적으로는 가운데에 중정을 두고 두세 개의 공간을 나뉘는 형태가 일반적이었으며, 발코니는 대부분 설치되지 않았다.

19세기 산업 혁명의 필연적인 결과로 런던의 도시의 규모는 확대되었다. 농촌 인구의 도시 유입이 가속화되면서 주택 문제가 심화되었다. 이때 주택 문제를 해소하기 위해 조례를 개정함으로써 서민용 타운하우스가 생겨나기 시작하였다. 서민용 타운하우스의 평면 구성은 기능적인 측면보다는 경제적인 측면에 의해 결정되었다. 그 결과 타운하우스에는 많은 세대를 수용하기 위해 외부 공간과 연결해 주는 발코니가 대부분 설치되지 않았다. 프랑스와 영국의 공동 주택 발달 과정을 보면, 중세부터 지어진 아파트에서 발코니를 찾아보기가 어렵다. 그 후에 1903년 프랑스 건축가 페레A. Perret가 설계한 프랭클린가街 아파트Rue Flanklin Apt.에 발코니가 설치되었으며, 월터 그로피우스의 1927년 Dammerstock 지구 계획에 따라 지어진 아파트도 발코니가 있는 평면으로 설계되었다. 독일의 경우 1920~30년대에 채광과 환기를 중요시하는 위생적 주거 공간 개념을 바탕으로 발코니가 설치되기 시작하였다.[2]

---

2) 지수인, '1920·30년대 독일 공동 주택 발코니의 공간 구성 특성에 관한 고찰', "대한건축학회 논문집", 2014, p.3, p.8.

1장 발코니 의미

2
베란다, 테라스, 발코니 구분

　우리는 발코니라고 하면 난간이 있는 돌출된 공간을 연상한다. 발코니와 베란다, 테라스는 일반적으로 혼용되어 불리기도 하며 우리에게는 의미가 별반 차이가 없어 보인다. 그래서 우리는 발코니를 베란다라고 부르기도 하고 테라스라고 하기도 한다. 우리는 통상적으로 외부로 뻗어 있는 별도 공간을 발코니라고 여기고 있다. 그러나 이것들은 사용용도는 유사하지만 건축물에 연접한 시설로 설치되는 방식에 따라 조금씩 차이가 있다. 일반적으로 베란다는 뒤뜰을 연상시키고 테라스는 앞뜰을 연상시킨다. 우리나라의 경우 건축법에서 세 가지 종류의 시설을 명확하게 구분하여 정의하고 있다.

▶ **베란다**Veranda
　우리나라에서 아파트 발코니를 '베란다'라고 호칭하던 때가 있었지만 최근에는 아파트에서 베란다라는 용어를 공식적으로 잘 사용하지 않고 있다. 베란다라는 용어는 서양식 주택과 함께 들어온 말로 '지붕이 있는 포치Porch[3]나 발코니로서 건축물의 외벽을 따라 길게 설치한 구조

베란다, 발코니, 테라스 개념도[4]

물로 휴식 공간으로 조성되는 곳'을 말한다. 베란다Veranda는 인도의 토착어에서 유래되었으며 영국의 인도 지배 시기에 영어권 사전에 등재되었으며 이후 호주, 뉴질랜드, 미국 등에 전파되었다.

　베란다는 열대의 나라 인도가 세계에 가져다 준 훌륭한 선물이다. 베란다는 집과 자연이 만나는 장소이다. 지붕은 있으나 문이 없는 인도의

---

[3] 건물의 현관 또는 출입구의 바깥쪽에 튀어나와 지붕으로 덮힌 부분을 말하는데, 입구에 가깝게 세운 차에 탈 때나, 걸어서 입구에 도달한 사람들이 우선 비바람을 피하기 위한 목적 등으로 설치된다. 영국에서는 특히 교회의 현관을 말하며, 미국에서는 베란다와 같은 말로 사용될 때도 있다. 그러나 일반적으로 출입구 주위의 지붕 밑을 말하며, 차를 세우는 곳이기도 하다.(두산백과) [네이버 지식백과]

[4] 건설경제신문, 2017.8.23. 기사 그림 인용.

베란다는 지옥처럼 펄펄 끓는 햇볕의 침투를 철저하게 차단하면서도 시원한 바람이 자유롭게 넘나드는 열린 공간으로 '집 안에 있는 바깥, 바깥에 있는 집 안'이라고 할 수 있다. 기후가 선선한 지방에서 살던 영국인들이 인도를 지배하러 와서 거주하기에 필수적인 형태의 시설물이었다. 식민지 시대 영국인 관리들이 거주하려고 인도에 세운 관사는 동부 벵골 지방 농민의 초가를 본따 방갈로라고 불렀다. 방갈로는 더운 날씨를 고려해 부엌이 없이 침실과 거실만 있는 가옥인데, 지붕의 끝을 길게 내어서 넓은 베란다를 만든 것이 특징이다. 높이 지은 건물 앞뒤에 들어선 방갈로의 넓은 베란다에는 대나무로 만든 발이나 블라인드를 쳐서 폭포처럼 쏟아지는 한낮의 뜨거운 햇볕과 숨 막히게 하는 더운 바람을 차단했다. 저녁이 되면 블라인드와 발은 걷고 베란다는 다시 열린 공간이 됐다. 대개 하루에 서너 시간만 일한 영국의 관리들은 대부분의 시간을 베란다에서 보내며 먼 타국에서 살아남았다.[5]

  베란다의 사전적 의미는 "건축물의 일부로서 보통 1, 2층의 면적 차로 생긴 바닥 중의 일부인 아래층의 지붕 부분을 난간으로 막은 것"을 말한다. 즉 1층 면적의 남는 부분을 2층에서 활용할 수 있도록 꾸민 공간이다.

  그동안 우리가 무심코 써온 아파트 베란다는 사실 발코니를 의미한다. 한국에서는 발코니보다 좀 길고 지붕으로 덮여 있는 공간을 베란다로 통칭해 왔지만, 건축법에서는 '거실을 연장하기 위해 밖으로 돌출시

---

5) 이순옥, '사라지는 베란다를 애도함', 교수신문, 2008.10.28.

켜 만든 공간'을 발코니라고 한다. 따라서 아파트 거실에 붙은 외부 공간은 발코니다.

발코니와 베란다를 구별할 수 있는 중요한 차이는 건축물의 외벽 일부에 돌출된 것이냐 아니면 어떤 한 부분에서 돌출한 것이 아닌, 외벽 전체에 걸쳐 늘어선 것이냐의 차이라 할 수 있다. 각종 법령을 통해 '발코니'로 정의하고 있지만 우리들의 아파트 사용법에 따르면 '베란다'로 불러야 마땅한 것이니, 거실 방향의 발코니를 '앞 베란다' 그 반대편의 발코니를 '뒷 베란다'로 부르는 시민들의 현명함에 고개를 주억거리게 된다.[6] 한편 발코니 확장은 합법적이지만, 베란다는 발코니처럼 새시를 설치해 내부 공간으로 바꿀 수 있다는 말은 없다. 즉 베란다 확장은 불법이다.

▶ 테라스 Terrace

저층 아파트 단지나 경사지 아파트 단지에서 앞마당처럼 사용할 수 있는 공간을 만들어 아파트란 용어 대신 '테라스'라는 이름을 붙여 수요자들에게 호응을 얻고 있다. 이에 따라 테라스에 대한 일반인들의 이해도도 높아져 가고 있다. 과거 경사지 언덕에 지은 테라스는 배면 일부가 땅과 접촉되어 조망, 환기, 습기나 방수에 취약하여 호응을 받지 못하였으나 요즈음에는 건축 기술의 발전으로 좋은 주거 환경을 갖추게 되었다.

---

[6] 박철수, '박철수의 거취와 기억(11): 나만의 공간 욕망, 길이 1.5m 발코니를 집어삼키다', 경향신문, 2016.10.24.

새로운 건축에 대한 르 코르뷔지에의 연구는 '시트로앙 주택 계획안' (1920)에서 옥상 정원 개념이 먼저 등장하고, '라 로슈-장느레 저택' 이후로 건물을 땅에서 떨어진 기둥 위에 얹된 필로티Pilotis 개념이 적용되면서 구체화되기 시작했다. 그러다가 1927년 독일공작연맹의 초청으로 슈투트가르트의 바이센호프Weissenhof 시범 주거 단지에 주택 두 채를 설계할 때를 즈음하여 '새로운 건축의 5원칙'[7]으로 정리되었다. 그 중 두 번째가 옥상 테라스Letoit-terrasse였다. 옥상 테라스는 1층을 필로티로 띄워서 생긴 면적 손실을 옥상에서 만회하여 일광욕을 즐기고 휴식 장소로 활용하자는 것이다. 르 코르뷔지에는 여름에는 덥고 겨울에는 추운 파리 전통 주택의 다락방에 사는 하인들의 열악한 삶을 언급하곤 했다. 그에게 수정 프리즘Crystal Prisme의 가장자리에 있는 옥상 정원의 난간이 만드는 깨끗한 윤곽은 '현대 기술이 거둔 가장 감탄할 수확물'이었다. 방수층을 보호하고 태양빛을 차단하며 바람에 날린 씨앗이 싹을 낼 수 있도록 옥상을 얇은 흙으로 덮을 것을 제안하고 옥상 정원을 장려했다. 오늘날에는 옥상을 여러 용도로 적극 활용하는 것이 보편화되었지만, 방수 기술이 발달하지 못한 당시로서는 상당한 용기가 필요한 제안이었다.

테라스란 "정원의 일부를 높게 쌓아올린 대지臺地를 말하는데, 옥외실로 이용하거나, 건물의 안정감이나 정원과의 조화調和를 꾀하기 위하

---

[7] 르 코르뷔지에의 건축 5원칙: 필로티(lespilotis), 옥상 테라스(Letoit-terrasse), 자유로운 평면(Leplanlibre), 수평창(Lefenêtreenlongueur), 자유로운 파사드(Lafaçadelibre)

거나, 정원이나 풍경을 관상하는 데 이용된다. 테라스Terrace라는 단어는 18세기 초에 불어에서 시작되었으며, 라틴어의 'terra'로부터 유래되었다. 이는 원래 성토를 뜻하며 독일어 어원 사전에 의하면 '단이 진 경사지와 단이 진 형태로 축조된 대지'라고 하며, 영어 사전에 의하면 '경사지에 따위를 중층으로 깎은 대지'라고 정의하고 있다.[8] 테라스Terrace는 거실이나 식당 등에서 직접 나갈 수도 있고 실내의 생활을 옥외로 연장하여 의자 등을 놓고 가족들이 단란하게 시간을 보낼 수 있는 곳이다. 아이들의 놀이터로도 활용할 수 있고, 일광욕 등을 할 수도 있다. 일반적으로 지붕은 없으나 담쟁이 따위로 덮어 그늘을 만들어 여름철 직사광선을 막는다. 바닥 높이는 건물 바닥과 지면을 고려하여 정하는데, 일반적으로 실내 바닥보다 20cm 정도 낮게 한다. 바닥은 타일이나 벽돌·콘크리트 블록 등으로 만드는 것이 보통이나 돌을 깔거나 간단하게 콘크리트 포장을 할 수 있고 인조석을 깔기도 하며 잔디를 심기도 한다."[9]

유럽 도시 거리에 나가면 거리의 상가에 카페나 식당에서 길가에 상업용 오픈 테라스Open Terrace를 만들어 사용하는 것을 볼 수 있다. 19세기 후반에 반 고흐Van Gogh가 그린 'Cafe Terrace at Night'라는 작품에서 카페 상부에 간이 지붕 역할을 하는 가림용 어닝이 설치되어 있고 그 밑 테라스에 테이블과 의자를 놓아 공간을 감각적으로 활용하는 모

---

[8] 최규학, '경사지 테라스 하우스', 한국학술정보, 2006.12.

[9] '테라스', 두피디아(doopidia)

반 고흐의 'Cafe Terrace at Night'　　일반적인 상업용 오픈 테라스

　습을 볼 수 있다. 그 시대에도 현재처럼 상가에 연접하여 오픈 테라스를 만들어 활용하였음을 알 수 있다.
　미국의 백화점 경영자 에드가 카프만Edgar Kaufman은 '낙수장'Falling Water이라고 하는 유명한 주택을 소유하고 있다. 바로 건축계의 거장 프랭크 라이트Frank Lloyd Wright가 설계한 집이다. 계곡 사이의 흐르는 물 위에 얹혀 놓은 듯한 집 때문에 'Falling Water'로 불린다. 이 주택은 주변 경관과 잘 어우러져 아름다운 자태를 지니고 있다. 이 주택은 3층인데, 1층은 주로 거실로 사용하고 있으며, 거실 내부에 설치된 계단을 타고 내려가면 흐르는 물을 접할 수 있어 좋다. 계단실을 따라 2층으로 올라가면 주위 경치를 느낄 수 있는 널따란 테라스가 설치되어 있다. 난간으로 공간이 구획된 테라스에 올라서면 정갈한 숲속 자연과 동화

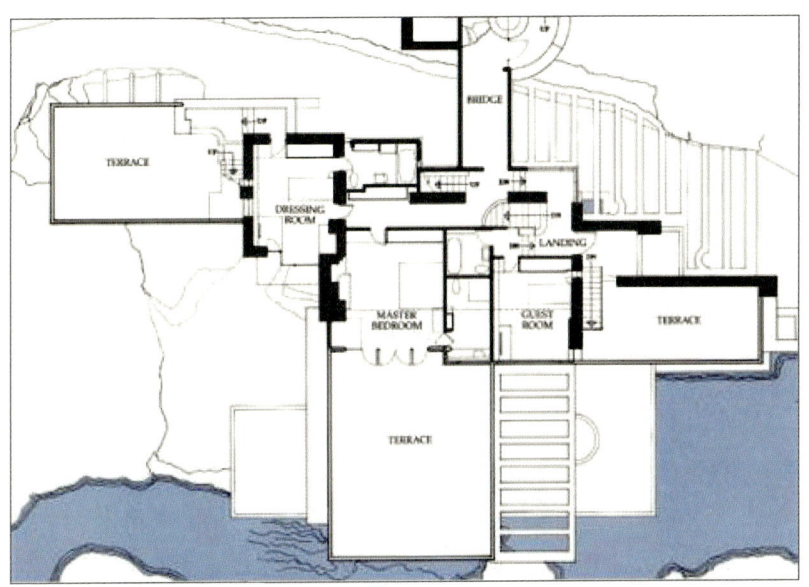

낙수장(Falling Water, 1936) ⓒ google picture

산토리니섬 마을 전경과 건물 테라스 지붕

될 수 있는 분위기에 젖을 수 있다.

그리스 산토리니섬에 있는 언덕 마을은 경사지를 이용하여 아름다운 풍광을 만들어내고 있으며, 전면에 펼쳐진 지중해의 아름다운 경관을 감상할 수 있는 유명한 여행지 중의 하나이다. 이 마을은 경사진 절벽에 집들을 포개 놓은 것처럼 보이는데, 아랫집의 지붕을 윗집의 마당, 즉 테라스로 이용하고 있다. 주민과 여행객들은 여기에 누워 쏟아지는 햇살을 받으며 아름다운 지중해를 바라보며 충분한 휴식을 만끽한다.

창경궁 연경당演慶堂 내부에 있는 선향재善香齋는 우리나라 최초의 테라스 하우스로 보인다. 연경당은 1820년대 순조의 왕세자 효명세자가

연경당 선향제 ⓒ 최권종

사대부 집을 모방하여 지은 주택 건축이다. 궁궐의 후원後苑 안에 지어졌으면서도 사랑채·안채·안행랑채·바깥행랑채·반빗간·서재·후원·정자 및 연못을 완벽하게 갖추었다. 연경당演慶堂이란 이름은 원래 사랑채를 가리킨 것이었으나 지금은 이 건물들을 통틀어 연경당이라 부르고 있다. 현재의 건물은 고종 때 중건하였으며 당시에는 외국 사신을 접견하거나 연회를 베푸는 장소로 이용하였다. 선향재는 '좋은 향기가 서린 집'이란 뜻으로, 책을 보관하고 책을 읽는 곳이었다. 사랑채의 오른편으로는 서재 구실을 하는 선향재善香齋는 서향으로 배치되었고, 정면 7칸 측면 2칸의 맞배지붕으로 이국적인 느낌이 든다. 청나라 풍 벽돌을 사용하였고, 마루 앞에는 전실 마당 공간(테라스)이 있고, 그 위를 덮은 지붕에는 동판을 씌웠다. 당시에 동판 지붕을 씌운 건물은 2개였다고 한다. 동판 지붕 밑 천정에는 도르래식 차양을 설치하여 책을 읽을 때 서향 햇빛에 방해받지 않도록 한 배려가 눈에 띈다. 그 지붕과 전실 바닥의 구조는 영락없이 테라스 형태이다. 선향재 뒤편의 경사진 언덕에는 화계를 설치하고, 제일 높은 곳에는 책을 읽다가 휴식을 취한 곳

부산 망미동 테라스 하우스　　　　　　　용인 테라스 하우스

[공동 주택 테라스 하우스]

으로 보이는 농수정濃繡亭이 있는데 마치 매가 날개를 편 것같이 날렵하다.

  우리나라에서 아파트형 테라스 하우스는 1986년 부산 망미 단지에 최초로 적용되었다. 준공된 지 30년이 지났음에도 불구하고 여전히 테라스 하우스의 모범 사례로서 손꼽히고 있다. 그 이전에는 경사지를 활용한 빌라는 있었으나 아파트로는 망미 주공아파트가 최초이다. 특히 망미 주공 테라스 하우스는 넓은 테라스 공간과 측벽 입구 주변의 녹지 및 조경 공간 등이 돋보여 단독 주택과 같은 느낌을 준다. 그 이후 한동안 테라스 하우스가 나타나지 않았다. 근본적인 이유는 그때만 하더라도 평지 위주의 택지 개발 사업이 주를 이뤘기 때문이라고 본다. 그 후 2010년에 테라스 하우스가 집중적으로 증가된 것은 공동 주택의 한 유형으로서 자리매김했다고 볼 수 있다. 전용 면적 85m² 초과의 중대형 규모에 확대 적용되고, 서울 뉴타운 사업 지구에 적극 활용되었다. 또한 재건축, 재개발 및 주거 환경 개선 사업 지구에서 아파트형 테라스 하

우스 건축이 활성화되었다.[10]

　최근에는 건축 용적율이 제한적인 곳이나 택지 개발 지구의 도시 설계로 정한 지역, 대지가 평탄치 않은 경사지 등에 테라스 하우스를 다양하게 건축하고 있으며 개성 있는 주거 환경을 만들고 있다.

　우리나라 선룸과 테라스에 대하여 박철수 교수는 경향신문 기고문 '박철수 교수의 거취와 기억(2016. 10. 24)'에서 오래지 않은 과거 우리 생활에 비친 테라스에 대한 스토리를 다음과 같이 말했다. "50여 년 전 외인주택, 국민주택, 민영주택 등이 일제 강점기 문화주택의 유전자를 이으며 양옥이라는 이름을 달고, 보편적 도시 주택 유형으로 등장하면서 재래식 혹은 조선식으로 불렸던 전통 주택과 주거 공간은 다시 전문가들로부터 호된 꾸지람을 듣는다. 재래식 한국 주택의 온돌방은 직접 마당과 접속되는 것이 아니고, 툇마루와 댓돌을 거쳐 마당과 접속되게 마련인데 커다란 유리문을 단 최근의 양식 주택에서는 테라스, 선데크, 선룸 등을 거쳐 마당과 접속해 실내와 실외가 서로 유통되므로 휴식과 더불어 정원을 감상할 수 있는 아주 중요한 요소가 되었다는 것이다. 아직은 단독 주택이 모두의 마음속에 자리 잡은 욕망의 대상이었고, 둘만 낳아 잘 기르자는 가족 계획 정책도 무르익지 않은 시절이었지만 일제 강점기 문화촌[11]에서 불어온 '핵가족이 누리는 스위트홈'이 한창 유행을 선도할 무렵이었다. 테라스나 선데크를 만들면, 방 안에서

---

10) 최지환, '테라스 하우스의 테라스 공간에 대한 건축 계획적 연구', 한양대 석사학위 논문, 2010. 2, p.21~23 요약.

만 보내는 생활을 외부로 자연스럽게 옮겨 의자를 내놓고 일광욕을 한 다든지, 테이블을 바깥으로 꺼내 식사를 한다든지, 또는 어린이의 놀이터로 쓴다든지 하여 실내 생활 기능의 일부를 실외로 이끌어낼 수가 있어 경험하지 못했던 생활 양식을 즐길 수 있다는 것이 훈육의 줄거리였고, 건축가들은 앞을 다투어 설계안과 실례를 보여 주었다. 아주 거칠게 말하자면 요즘의 아파트는 오래 전 새시 설치를 금지하던 때 마치 테라스처럼 비가 들이치거나 바람이 들던 일종의 외부 공간이었던 것이 이 부분을 모두 유리로 감싼 선룸의 모습으로 한동안 명맥을 유지하다가 나와 가족만이 누릴 수 있는 완벽한 내부 공간이자 전용 면적으로 그 모습을 바꾼 것이라 할 수 있다. 당연하게도 서구의 옥외 공간과 생활 습속이 침투한 것이다."

▶ 발코니Balcony

건축물의 외벽에 접하여 부가적으로 설치되는, 건축물의 내부와 외부를 연결하는 완충 공간으로 전망이나 휴식 등을 목적으로 설치한다. 발코니는 보통 지붕이 없고 난간欄干을 둘러치며 2층 이상에 설치한다. 근래에 와서, 전용專用 정원이 없는 아파트 건축에서는 바깥 공기와 접하는 유일한 장소가 되고 있다. 즉 거실의 연장으로서의 리빙 발코니는 유아幼兒의 놀이터·일광욕·휴식과 전망을 위한 공간으로, 부엌에 연결

---

11) 서울특별시시사 편찬위원회에 따르면, 문화촌(文化村)은 서대문구 홍제동에 있던 마을로서, 홍제원 동북쪽에 새로 건축한 신식 주택이 온 마을을 이루었던 데서 마을 이름이 유래되었다.

파리의 고전 스타일 발코니   런던의 현대식 아파트 발코니

[발코니 형식 ⓒ 최권종]

되는 서비스 발코니는 주방의 보조 공간(장독대나 세탁) 등으로 널리 사용되고 있다. 또, 식물의 재배 등으로 생활에 윤기를 주기도 한다. 난간은 대개 통풍·채광 등을 고려하여 쇠파이프나 주름철망 등으로 만들지만 남의 시선을 차단하여 프라이버시를 지키기 위해서 벽체壁體로 하는 경우도 있다. 난간의 높이는 안전상 1.1m 이상(건축법에서는 주거용 1.2m 이상)으로 하는 것이 좋다. 배수排水가 잘 되고 오수汚水가 아래층으로 흘러내리지 않도록 시공하여야 한다.

주거용 건축에서 발코니는 방들로 구획된 폐쇄적인 전용 공간을 외부와 닿게 하는 열린 공간으로 만들어 주는 역할을 하고, 한정된 생활 공간을 연장시켜 주는 서비스 공간으로 주거 생활에서 없어서는 안 될 주요 공간이다. 건축물 주 공간 외벽에 연접하여 설치된 발코니는 실내 공간과 외부 공간 사이에 존재하는 매개 공간이며 사적Private 공간과 공적Public 공간 사이인 반공적Semi-public 공간으로 불리기도 한다.

초기 현대식 단독 주택에서 발코니를 잘 이용하게 건축한 예로는 슈

로더하우스Schröder House를 들 수 있다. 네덜란드 가구 디자이너이면서 건축가인 리트벨트Gerrit Thomas Rietveld[12]는 가구점 가업을 이어받으며 건축을 배웠다. 1919년 '데스틸 그룹Destijl Group'에 참여하면서 쉬뢰더 하우스(1924)를 설계하여 국제적인 명성을 얻었다. 실내 장식, 조정이 가능한 유연한 공간 배치, 독특한 시각적·형식적 특징을 가진 이 작은 가정집은 1920년대 네덜란드의 예술가 및 건축가 단체 '데 스테일 De Stijl'이 추구하던 이상을 표현한 근대 건축 운동의 상징적인 작품으로 여겨진다. 한 줄로 늘어서 있는 무미건조한 주택가의 맨 끝에 위치한 슈뢰더하우스는 그야말로 작고, 다채롭고, 지극히 과격하다. 견고한 19세기 중산층 취향과 보다 가볍고, 보다 개방적인 20세기의 명료함 사이의 대비는 극적으로 분명하다. 이 집의 건축을 의뢰한 트루스 슈뢰더(1889~1985)는 젊은 과부로, 자신과 세 아이들이 어떤 집을 원하는지 확고한 의견을 가지고 있었다. 방마다 침대와 세면대가 있어야 하고 부엌에는 가스를 들여와야 했다. 또 1층은 이 지역의 건축 규정을 준수해야만 한다는 제한도 있었다. 이렇게 의뢰된 주택의 주 구조는 강화콘크리트 슬래브와 강철 프로파일로 구성된다. 건물에 사용된 페인트

---

[12] 네덜란드의 건축가이자 가구 디자이너이다. 유트리히트에서 출생하고 그곳에서 사망하였다. 가구점의 아들로 태어나 가업을 이어 받았으나, 1911~1915년경 건축을 배워, 1919년부터 '데 스틸' 그룹에 들어가서 슈뢰더 저택(1924), 유트리히트 단지(1931~1934)를 통해 국제적으로 알려졌다. '적, 청의 안락의자(1917~1918)'가 그 그룹의 대표적 작례이며, 근대 가구의 초석이라고 한다. 그 후 잠시 침체되었다가 1950년에 다시 주목받으며 베네치아 비엔날레의 네덜란드관(1953), 배르헤아이크 직물 공장(1956), 호후라헨의 주택 단지(1954~1956)를 세웠다. [미술대사전(인명편), 1998, 한국사전연구사]

슈뢰더 하우스 외관

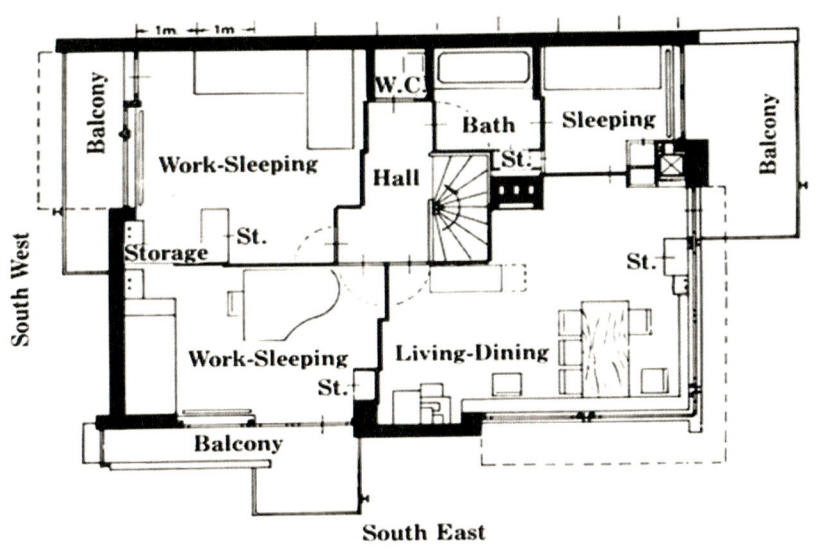

2층 평면과 발코니

[슈뢰더 하우스(Schröder House, 1924)]

는 빨강, 파랑, 노랑, 검은색과 흰색 등과 같은 다양한 색조의 원색이다. 회랑을 통하여 방으로 접근하는 네덜란드의 전통적인 주택과는 달리 리트펠트는 슈뢰더 하우스가 변동이 가능한 방식이 되도록 구상하였다. 트루스 슈뢰더는 1985년 세상을 떠날 때까지 이 집에서 살았다.

평면도를 보면 각 방의 배치에서 위계는 보이지 않는다. 2층은 계단을 중심으로 한 단일 개방형 공간이지만 이동식 패널을 이용하여 세 개의 침실과 하나의 거실로 나눌 수 있다. 1층의 경우 건축 허가를 얻기 위해 네덜란드 법률을 충족하여야만 했는데, 자그마한 홀을 다섯 개의 방이 둘러싸고 있다. 문 위에 달린 작은 창문 또는 오목하거나 엇갈리는 안쪽 벽을 통해 각 방의 상호 관계를 감지할 수 있다. 2층에는 거실을 제외하고는 각방마다 발코니를 설치하여 외부와 소통하는 공간으로 설계하였으며, 난간도 콘크리트 벽 일부와 수평으로 금속재 띳장을 두어 조형미를 살렸다. 리트벨트와 슈뢰더는 놀랄 만한 공간의 예술 작품을 만들어냈으며, 그 결과 주거 공간에 대한 우리의 사고방식을 바꾸어 놓았다. 디자인과 공간 활용에 대한 그 과감한 접근 방식에 있어 슈뢰더 하우스는 근대 세계 건축의 발전에 있어 독보적인 위치를 차지하고 있으며 유네스코 세계문화 유산으로 등재되어 있다.

1장 발코니 의미

3
발코니 규정

▶ 우리나라 아파트 발코니

건축법에서는 '발코니란 건축물의 내부와 외부를 연결하는 완충 공간으로서 전망이나 휴식 등의 목적으로 건축물 외벽에 연접하여 부가적 附加的으로 설치되는 공간을 말한다. 이 경우 주택에 설치되는 발코니로서 국토교통부 장관이 정하는 기준에 적합한 발코니는 필요에 따라 거실·침실·창고 등의 용도로 사용할 수 있다.'[13]라고 정의하고 있다. 그리고 발코니 공간을 서비스 공간으로 분류해 1973년부터 바닥 면적 산정 제외 규정을 만들어 공급 면적에 포함시키지 않았다. 그 후로부터 발코니는 외벽의 중심선으로

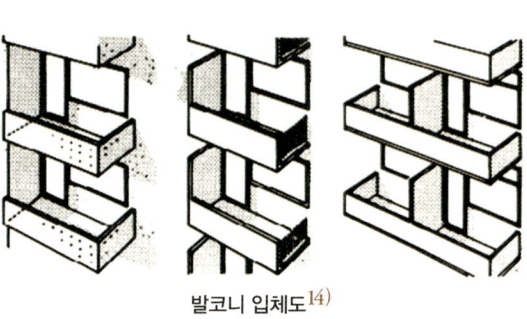

발코니 입체도[14]

---

13) 건축법 시행령, 제2조 14.
14) 건축 설계 대사전(설계편), 한국사전연구사, 1994.1.

부터 발코니 끝부분까지 1.5m 이내는 바닥 면적에 산입하지 않고, 1.5m를 초과하는 면적에 대해서만 바닥 면적에 산입하고 있다.

1990년대 이후에는 행정 편의상 발코니에 새시 설치가 허용되면서 소음 차단, 열 손실 방지에 유리하게 되었고 발코니가 수납공간 역할도 할 수 있게 되었다. 그리고 제도적으로 발코니 확장을 허용한 후로는 발코니가 실내 공간을 확장하는 수단으로 변화하였다.

발코니에 대한 초기 법적 규정은 공간의 1/2 이상을 개방하도록 하였기 때문에 발코니는 좌우 측벽 없이 돌출되게 설계되고 설치되었다. 그러나 그 뒤 난간의 높이만을 규정하는 것으로 제도가 변경되면서 좌우측에 벽체를 만들어도 발코니로 인정을 받을 수 있게 되었다. 종래에는 법규를 위반해 가며 3면에 새시를 설치했지만 이제는 전면에만 간단히 설치할 수 있게 되었다. 발코니란 용어도 당시 노대露臺로서의 성격을 명시하였으나 2000년대부터 건축법에서 그 용어를 난간이 설치되는 것과 구분하고 있다. 발코니는 건축법 시행령 19조[15])에 있는 면적 산정 기준을 살펴보면 처음에는 발코니를 노대와 같은 성격으로 하고 있었으나 발코니 확장 허용(2005. 12.)을 기점으로 발코니를 노대와 구분하고 있음을 추측할 수 있다.

●

[15]) 건축법 시행령 제19조 ①항 3의 나. [면적 등의 산정 방법]: 주택의 발코니 등 건축물의 노대나 그 밖에 이와 비슷한 것(이하 "노대 등"이라 한다)의 바닥은 난간 등의 설치 여부에 관계없이 노대 등의 면적(외벽 중심선으로부터 노대 등의 끝부분까지의 면적을 말한다)에서 노대 등이 접한 가장 긴 외벽에 접한 길이에 1.5미터를 곱한 값을 뺀 면적을 바닥 면적에 산입한다.

명칭 변경이 있기 전까지 우리나라에서 발코니는 법적으로 노대였다. 노대를 한자 그대로 뜻풀이하자면 '이슬이 내리는 평평한 바닥'이라는 말이다. 북한에서는 이런 의미에서 발코니를 '바깥대'라 부르기도 한다. '풍찬노숙風餐露宿'이라는 말이 있다. '바람과 이슬을 맞으며 한데에서 먹고 잔다'는 뜻으로, 객지에서 겪는 모진 고생을 이르는 말이다. 노숙자를 이를 때 '노'가 길을 뜻하는 노路가 아니라 이슬을 의미하는 노露인 것처럼 바람이 불거나 이슬이 맺히는 곳이 바로 노대, 발코니인 것이다. 그래서 건축 용어 사전에서는 발코니를 건축물에서 돌출되어 난간 등으로 둘러쳐진 곳으로 설명한다. 단어의 뜻 그대로라면 노대란 새시를 설치할 수 없는 곳으로, 실내와 외부를 자연스럽게 연결하는 바람이 불고 이슬이 내리는 곳이다. 그러나 현실을 보면 발코니라는 것이 바람 불고 이슬이 내리는 곳은 전혀 아니다. 법령에서 깊이 1.5m 이하로 발코니를 두면 거실이나 침실을 확장해서 내부의 전용 공간으로 사용할 수 있도록 허용하여 너나없이 모두들 발코니를 확장해 내부 공간으로 편입했기 때문이다. 이런 까닭에 아파트 모델 하우스마다 거실이나 침실 끄트머리 내부 공간을 확장하는 부분에 페인트칠을 해 두거나 테이프를 붙여 '원래는 발코니가 있어야 할 곳이지만 거실이나 침실을 늘려 전용 공간으로 사용하도록 특별히 편의를 보아 드리는 곳'으로 홍보하고, 때로는 확장에 필요한 비용을 건설사가 부담해 입주자는 비용 부담이 없다는 것을 분양 전략으로 활용한다. 중국 음식 몇 가지를 시키면 군만두를 공짜로 주는 것처럼 '서비스'로 해 드리는 것이라는 뜻에서 그렇게 늘려 사용할 수 있는 곳을 '서비스 공간(면적)'으로 부르는 것이다.[16] 발코니는 숨은 뜻이 깊은 공간이며 건축적으로 해석이 명료하지만 그 쓰임새는 점차 애매모호해지고 있다. 우리나라에서는 편의성에 중점을 두어 사용자가 알아서 발코니의 용도를 변경해서 사용하도록 하고 있기 때문이다. 2005년 12월에는 발코니 제도 개선을 위한 공청회를 거쳐 건축법 시행령 제2조 및 46조 관련 법령에 따른 소방, 안전의 설계 기준 및 구조 변경 절차 시 발코니 내부 공간의 확장 허용을 합법화하였다.

▶ 외국 아파트 발코니

일본에서는 발코니 폭을 1.0m 이상, 난간의 높이를 1.1m 이상으로 하고 있다. 면적 제한 폭에 대해 우리나라가 1.5m의 제한을 둔 데 반해서 2.0m 까지 면적에서 제외하여 주므로 일본이 발코니를 우리나라보다 넓게 허용하고 있다고 볼 수 있다. 한편 일본의 경우 발코니 기준 폭을 1.0m 이상으로 하고 있으나 우리나라에는 발코니의 최소 폭에 대한 기준은 없다.

일본의 아파트를 보면 베란다를 확장하거나 베란다에 새시를 설치한 곳이 없다. 우리나라의 경우는 기상 변화(바람, 추위 등)가 심해 발코니에 새시를 설치할 필요가 있다는 의견도 있지만 일본에 비해 우리나라의 기상 변화가 심하다고 할 수는 없다. 일본에도 우리보다 바람도 거세고 더 추운 지방이 많이 있기 때문이다. 기상이 변화무쌍하기는 일본

---

[16] 박철수, '박철수의 거취와 기억(11): 나만의 공간 욕망, 길이 1.5m 발코니를 집어삼키다', 경향신문, 2016.10.24.

이 우리나라보다 더하면 더했지 덜하다고 볼 수 없다. 오히려 일본 사람들이 아파트 발코니 공간에 관한 규정을 잘 준수하고, 또한 그 기능과 용도에 대하여 잘 이해하고 있다고 보아야 할 것이다. 한편 아파트 발코니에 대한 양국 간의 차이는 제도적인 측면에서 기인한다고 볼 수 있다. 우리나라의 발코니는 서비스 면적으로 분류되어 분양 시 단위 세대의 소유로 되어 있으나, 일본의 발코니는 전용 사용권이 인정된 공용 공간으로 규정되어 있다. 이처럼 발코니에 대한 근본적인 접근 방향이 다르다. 일본의 경우 발코니를 공용 공간으로 보기 때문에 화재나 기타 재난 시 피난 경로의 확보가 중요시되고, 외형의 변경을 금지하고 있으며 발코니에 큰 규모의 공사를 할 경우에도 반드시 원래 모습을 유지하도록 하고 있다. 최근 일본에서는 발코니 용도를 다각화하여 발코니에서 화초를 재배하거나, 소파 등을 배치하여 조망과 휴식을 즐기는 생활 공간으로 만들자는 움직임이 일고 있다. 이는 일본에서도 좁은 단위 공간에 대한 소유욕을 표출하고 공간 확장에 대한 욕망을 드러낸 것으로 볼 수 있을 것이다.

미국은 주州마다 건축 관련 규정이 조금씩 다르지만 뉴욕 시의 경우 발코니 깊이를 6피트(약 1.828m)를 초과할 수 없고, 발코니 총 길이는 건축물 외벽 입면 길이의 50%를 초과할 수 없도록 규정하고 있다. 이러한 발코니 설치 규정은 독일과 영국도 유사하다. 영국의 경우 발코니를 외벽에 주로 돌출형으로 설계되고 축조하는데, 발코니 설치 방식(공법)이 매다는 구조로 건식 마감(예: 철골 후레임 위 마루판 깔기 등)을 주로 하고 있다. 전문 기술 자료도 발코니 설치 공법이 본바닥구체와

고베 HAT단지 아파트

뉴욕의 아파트

암스테르담의 아파트

런던의 아파트

[외국 아파트의 외관 ⓒ 최권종]

연결Suspend하는 공법이 소개되고 있는 것을 찾아 볼 수 있다. 외국에서는 발코니를 새시를 설치해 변형시키거나 실내 공간으로 전용하지 않고 휴식 공간으로 활용한다든지, 화초 재배, 재해 시 피난 용도 등으로 발코니의 본래의 성격 그대로 이용하고 있다.

2장

우리 옛 건축에서 묻어나는 발코니

우리 옛 전통 건축에서는
생활에 필요한
마루와 난간이 있어
선조들이 기품 있는 생활을 했다.

단층의 주택이나
2층으로 된 누마루에는
목재로 된 마루가 있고,
끝단에 아름답게 장식된 난간은
서양식 용어로 표현하면
발코니와 난간이었다.

서양이건 동양이건
건축물의 필요에 따른
용도와 기법은 유사한 것이다.

2장 우리 옛 건축에서 묻어나는 발코니

1
우리 전통 건축에서의 발코니 모습

우리 옛 건축물에도 발코니 형식을 갖춘 구조가 있다. 그것은 사람이 사용하는 거주 공간에는 내부와 외부를 매개하는 공간이 동서양을 막론하고 필요했기 때문일 것이다. 우리 전통 건축에서도 조망을 하거나 휴식을 취하기 위해 기둥이나 외벽의 경계 중심에서 뻗어낸 마루를 만들고 안전을 위해 난간을 설치한 사례가 많다. 보통 한옥에는 마당에 연접하여 한 단 높게 돋은 토방을 만들고 방으로 들어가기 위해 그 위에 일반 마루를 설치하였다. 전망을 위한 마루는 일반 마루와 다르게 마당에서 바로 출입하기는 어렵고 문을 열고 나가 앞에 놓인 뜰을 조망

아파트 발코니와 난간

한옥 마루와 난간

하고, 바깥 공기를 잠시 느낄 수 있도록 만들어졌다. 이러한 마루는 끝단에 경계를 짓는, 아름답게 디자인된 목재 안전 난간이 붙어 있다. 그 난간은 밖으로 향해 곡선을 이루는 목재로 된 받침대를 만들고, 그 위에 원형의 나무 손잡이를 설치하는 기법을 사용하여 마루 내부 공간을 넓게 사용토록 하는 지혜가 숨어 있다. 이러한 마루들은 서양식으로 보자면 고전 스타일 발코니 구조를 갖춘 것이다. 이러한 건축 구조는 개인의 주택에서부터 사찰, 향교, 누樓 건축에 많이 적용되었다. 하늘을 향해 기다랗게 뻗친 처마 아래 설치된 전망용 마루는 쏟아지는 비와 햇빛을 피하는 기능을 할 뿐만 아니라 조형미도 매우 빼어나다. 이러한 전통 발코니 구조는 우아한 자태를 연출하고 있어 전통 건축의 멋을 살려 주고 있다.

▶ 한국 건축의 난간

한국 건축에 있어 언제부터 난간을 설치했는지는 불확실하나 삼국 시대의 유구遺構에서 난간 형태의 구조물들이 많이 발견된다. 이것이 고려에 그대로 계승되었으며, 조선 시대에 이르면 난간 모양은 좀 더 다양해진다. 조선 시대의 난간은 그 재료에 따라 목조 난간·석조 난간·철조 난간으로 나뉜다. 이 중 목조 난간이 가장 보편적이어서 누·정자亭子·주택의 툇마루 등의 목조 건축에 설치되었다. 석조 난간은 기단基壇, 특히 궁궐 정전正殿의 기단과 석교石橋에 설치되었다. 철조 난간은 덕수궁의 정관헌靜觀軒에서처럼 서양 건축 양식이 도입된 후 축조된 것으로 조선 시대의 전통 양식으로 볼 수 없다.[17]

우리 건축에서 툇마루나 누마루의 경우 추락을 방지하기 위해 난간을 두른다. 기둥보다 더 나가 누를 감싸고 도는 마루는 함헌含軒이라고 하는데 보통 그 끝에 난간이 설치된다. 툇마루의 경우는 동선을 유도하기 위해 난간을 두르는 경우도 있다. 마치 서양 건축에서의 발코니 난간과 같은 역할을 한다. 그래서 건축은 동서양을 막론하고 집의 사용에 대한 필요 구성 요소를 공통적으로 갖추고 있다고 볼 수 있다. 서양 중세 스타일 건축물의 난간은 석재로 만들어 끼워 넣는 방식으로 하거나 주로 금속재를 사용해 시대별 양식에 따라 직선이나 장식적인 곡선미를 살렸다. 우리 전통 건축에서 난간은 주로 목재이면서 세련미 넘치는 장식 수법으로 우아하고 아름답게 만들어졌다. 현대에 이르러 건축물 난간의 장식적 요소는 생략되고, 실용성만을 강조한 나머지 직선으로 단순하게 만들어 설치하는 경향이 있다.

우리 전통 건축 난간의 종류는 크게 교란난간, 계자난간 등이 있는데 그중에 가장 대표적인 것이 계자난간이다. 계자난간은 난간 동자주

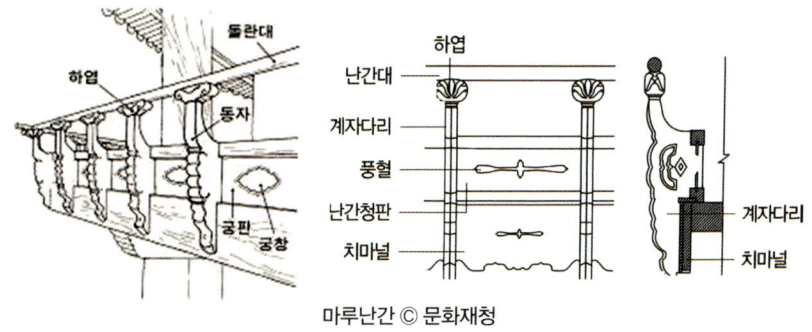

마루난간 ⓒ 문화재청

---

17) 주남철, "한국 건축 의장", 일지사, 1993, p.125~128

를 두꺼운 판재를 이용하여 휘어지게 깎고 초각도 첨가한 것으로, 닭의 다리 모양을 닮았다 하여 계자각이라 한다. 귀틀 앞에 치마널을 댄 뒤, 그 위에 지방을 대고 계자각을 세워 띳장을 건너지른 다음, 그 사이에 풍혈을 뚫은 궁창널을 끼워 짠다. 계자각 위에는 하엽荷葉 장식을 하고 그 위에 난간두겁대를 돌린다. 그 단면은 손에 잡기 좋게 둥글게 하는데 이것을 돌란대(손스침)라고 한다.

교란난간은 난간동자 사이에 살을 짜서 장식한 난간인데 그 살의 종류에 따라 亞자교란, 卍자교란, 빗살교란 등으로 구분된다. 난간은 기능뿐만 아니라 건물의 격을 높이는 중요한 치장 요소이다. 집의 격에 맞게 난간의 방식을 결정하여 지어야 할 것이다.[18]

▶ 계자난간

계자난간鷄子欄干은 조선 시대에 널리 쓰이던 난간으로 계자다리鷄子多里가 난간대欄干竹를 지지하도록 만든 난간을 말한다. 즉, 계자다리라는 부재가 사용된 난간을 가리킨다. 계자다리는 측면에서 보면 선반 까치발처럼 생겼는데 판재에 당초 문양(중국 전래의 덩굴 무늬)을 조각해 만든다. 계자난간은 위로 올라갈수록 밖으로 튀어나오도록 만들기 때문에 난간대가 밖으로 튀어나오게 하는 역할을 한다. 그래서 건물 안쪽에서는 난간대가 손에 스치지 않는 여유 있는 난간이다. 교란의 단점을 보완한 조선 시대 특징적인 난간이라고 할 수 있다. 난간은 마치 머름

●
[18] 조전환, "한옥, 전통에서 현대로: 한옥의 구성요소", 주택문화사, 2009.

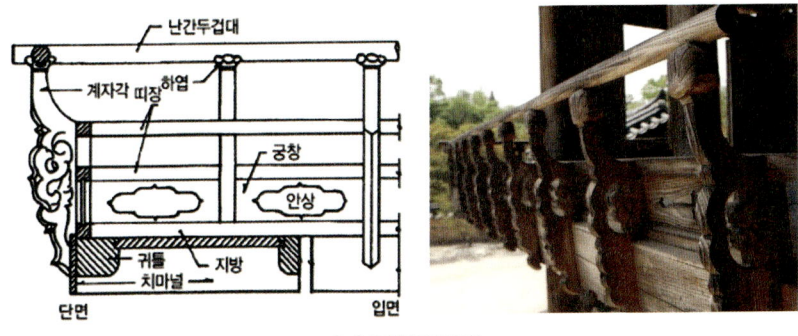

계자난간(鷄子欄干)

(창 아래 설치된 높은 문지방)을 만들듯이 먼저 마루귀틀 위에 난간하방을 놓고 일정 간격으로 난간동자를 세운 다음 난간동자 사이에 난간청판欄干廳板을 끼운다. 그리고 난간동자 위에 난간상방을 건다. 계자난간에서는 난간동자 역할을 계자다리가 대신한다. 즉, 난간동자가 서는 위치에 하방과 상방에 의지해 계자다리를 세우고 계자다리 위에 난간대를 보낸 것이다. 난간대와 계자다리가 만나는 부분에는 기둥 위에 주두를 얹듯 연잎 모양의 조각 부재를 끼우는데 이를 하엽荷葉이라고 부른다. 난간청판에는 연화두형의 바람 구멍을 뚫는데 이를 풍혈風穴 또는 허혈虛穴이라고 한다. 풍혈의 작은 구멍을 통과하는 바람은 풍속이 빨라지기 때문에 난간에 기대앉은 사람에게 시원한 바람을 제공하는 선풍기 효과가 있다. 머름하방이 놓이는 마루귀틀에는 폭이 넓은 판재를 붙이기도 하는데 이를 치마널이라고 한다. 넓은 치마널을 붙이면 난간하방을 두껍게 보이도록 하여 난간이 안정되게 보이는 효과가 있다.[19]

19) 김왕직, "알기쉬운 한국건축 용어사전", 동녘, 2007.

▶ 평난간

　계자다리가 없는 난간으로 난간상방 위에 바로 하엽을 올리고 하엽 위에 난간대를 걸었다. 의성 김씨 종택이나 의성 김씨 서지재사의 난간은 평난간인데 머름과 같다. 다만 풍혈이 있는 청판을 끼웠다는 것이 머름과 다른 점이며 하엽이나 난간대 없이 난간상방이 난간대 역할을 하는 것 등은 머름과 같다. 상주 양진당은 난간청판에 풍혈이 없으며 난간동자가 난간상방 위로 높이 올라와 하엽 없이 난간대를 직접 받치고 있다.

　이렇게 계자다리 없이 구성된 난간을 평난간平欄干이라고 하며 평난간 중에 난간동자 사이를 청판 대신에 창처럼 살대로 엮은 난간을 교란交欄이라고 한다. 교란은 살대의 모양에 따라 창호를 분류하듯이 아자교란, 완자교란, 빗살교란, 파만자교란 등으로 나눈다. 그러나 교란 중에는 하회 남촌댁처럼 'X' 모양의 교란도 있으며 창덕궁 승화루에서는 'X' 교란의 교차점에 원형 살대를 넣어 복잡하게 장식한 것도 있다. 이러한 교란은 이름을 붙이기 어려운 것들이다.

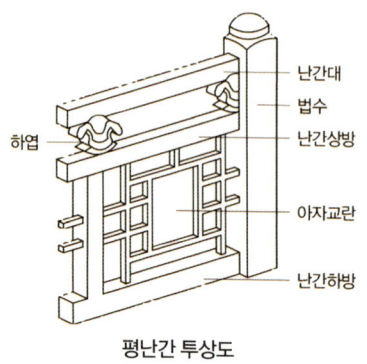

평난간 투상도

경복궁(아자교란)

낙선재 수강재 교란 ⓒ 최권종　　　실상사 백장암 석탑하부 파만자교란

또 파만자교란破卍字交欄은 마치 만卍자를 흩어 놓은 것과 같다고 하여 붙은 명칭인데 중국 원강석굴과 일본에서 가장 오래되었다고 하는 호키지와 호류지에서도 나타난다. 한국에서는 임해전지에서 발굴한 목부재 중에 파만자난간이 있으며 통일 신라 시대 유적인 실상사 백장암 석탑에도 남아있다. 이로 미루어 파만자난간은 상당히 오랜 기간 북방 문화권 건축에서 널리 사용되었던 것임을 알 수 있다. 계단에 통로를 내고자 할 때는 통로 양쪽에 난간동자보다 굵은 기둥을 세워 대는데 이를 법수法首라고 한다. 법수는 돌장승을 뜻하는 벅수에서부터 기인된 명칭이다.[20]

한국 건축은 척도의 사용에 있어 극히 인간적이다. 특히 좌식 생활이 주종을 이루어 온 한국 건축에서는 기둥의 높이, 들보의 크기, 천장의 높이 등 모든 척도가 인간의 키와 비례하여 대단히 크지도 않고 또 너무 작지[왜소矮小]도 않다. 여러 채와 간으로 이루어진 건축의 크고 작

---

[20] 김왕직, "알기쉬운 한국건축 용어사전", 동녘, 2007.

은 마당에 들어섰을 때, 마당에서 앞쪽에 서 있는 건물(채)의 용마루를 바라볼 수 있는데, 이는 각 건물이 인간적 척도로 구성되었기 때문이다. 물론 궁궐의 정전과 같이 위엄을 갖추어야 할 건축에서는 예외적이나, 그도 중국의 궁궐 건축과 비교할 때 중국의 척도는 인간적 척도를 넘어 광대宏大하기 그지없으나, 한국의 척도는 인간적이라 할 수 있다. 인간적 척도의 사용은 노년기 지모로 이루어진, 산이 많은 다산 지역多山地域의 자연환경과 조화되게끔 하려는 의식에서 기인된 것이기도 하다. 이는 다산多山과 고루高樓를 양陽으로 보아, 다산 지역에는 음陰으로 해석되는 평옥平屋을 지어야 한다는 음양오행론陰陽五行論에 기반을 둔 것이다. 그리고 인간적 척도의 사용은 자연히 건축에 단아함을 형성하여 한국 건축의 특성을 이루게 되었다.

세속적인 건축물인 주택 건축과 개인의 정자 건축, 또 공적 건축인 향교, 서원, 관아, 객사, 정자, 누대樓臺 등도 일반적으로 인간적인 척도로 이루어지고 단아한 모습을 이루고 있다. 또 정원의 구성 요소들인 석함, 그리고 석함에 담은 괴석, 석련지, 석상 등 모두가 인간적 척도로 이루어지며, 단아한 모습을 이룬다.[21]

---

[21] 주남철, "한국건축사", 고려대학교 출판부, 2006.

2장 우리 옛 건축에서 묻어나는 발코니

2
고택古宅에서 볼 수 있는 발코니 모습

    옛 주택은 음양오행 사상과 풍수도참 사상의 영향을 크게 받아 동족촌의 입지 선정, 집터家垈의 선정과 배치, 좌향坐向을 결정하였다. 음양오행과 풍수도참에 근거한 양택론陽宅論에 따라, 주택의 안방·부엌·대문·측간의 4개를 사주四柱로 하여 좌향坐向과 평면을 결정함으로써 주택, 특히 양반 주택들은 이른바 동사택東四宅과 서사택西四宅으로 짓게 되었다.

    한편 양반 주택에서는 주택의 평면을 길상 문자인 '口', '日', '月', '用' 등의 모양으로 하고, '工'자와 같이 만들고 부수는 등 그 의미가 지속적이지 못한 글자와 '尸'자와 같이 좋지 못한 의미의 글자 모양은 채택하지 않는데, 이들 '工'자나 '尸'자를 금기로 한 것은 18세기 이후의 일이라 판단된다.[22] 전통 가옥 이런 기준에 따라 배치와 평면 형식을 바탕으로 축조되었고 마루 또한 기준이 있었다.

    전통 가옥에서 마루는 보통 방 앞이나 대청 앞에 툇마루를 설치

---

22) 주남철, "한국건축사", 고려대학교 출판부, 2006.

한다. 기둥 밖에 놓이는 툇마루는 일반적으로 그 나비가 1~2.5자(30.3~75.8cm) 정도로 하고, 복도로 이용할 때는 3~3.5자(90~100cm) 정도로 한다. 처마선보다 5치(15.15cm) 이상 들여 놓아야 한다. 높이는 지면(기단면)에서 1.2~1.5자(36.4~45.5cm) 정도로 하되 방바닥보다 1~2치(3~6.1cm) 낮게 한다. 누마루는 다락마루라고도 하는데 일층 누마루는 건너 방 앞의 반간 툇마루나 사랑방 옆의 마루 간을 누마루 식으로 방바닥이나 보통 마룻바닥 보다 일단 높게 놓을 때가 많다. 여기에는 바깥 툇마루를 달고 난간을 두를 때도 있다. 주택에서는 건넌방 앞의 누마루에는 난간은 대었어도 문은 달지 아니하였다. 누마루에는 대청마루에서 두세 단의 디딤널(계단)을 둔다. 따라서 그 높이는 2자(60.6cm) 내외가 된다.[23] 현대 건축적 의미로 보면 마치 출입하는 현관과 발코니에 대한 차이의 구조 형식이었으며, 난간을 두른 마루는 아파트 발코니 모습과 흡사함을 느낄 수 있다.

▶ 안동 수졸당 재사 마루와 난간

안동에 있는 수졸당守拙堂은 퇴계 이황李滉의 손자인 동암東巖 이영도李詠道(1559~1637)와 그의 아들 수졸당 이기李岐(1591~1654)[24]의 종

---

[23] 장기인, "한국건축대계 V. 목조", 보성문화사, 1988, p.334~337.

[24] 이기는 1592년(선조 25) 임진왜란 때는 안동에서 의병을 모집하여 왜군과 싸웠으며, 명의 군량미를 조달하여 수송하는 데 큰 공을 세워 호조좌랑과 정랑에 오르기도 하였다. 이후 김제군수, 청송부사, 영천군수를 지냈으며, 1623년(인조 1) 인조반정 후에는 익산군수와 원주목사 등을 역임하였고, 1636년(인조 14) 군기감정에 올랐다. 선무원종공신(宣武原從功臣)에 추록되었으며, 좌승지에 추증되었다.

안동 수졸당 재사   방문앞 마루와 난간 ⓒ 문화재청

택이다. 수졸당은 이기의 아호이다. 재사齋舍는 이영도의 묘사를 지내는 곳인데, 이황 묘소가 건물 바로 뒤편 산에 있어 이황의 묘사 준비도 이곳에서 하고 있다. 완전 'ㅁ'자형을 이룬 살림집과 그 오른쪽의 '一'자형 정자가 나란히 놓인 뒤편에 '一'자형 사당이 배치되어 있다.

  재사의 건물은 정면 5칸, 측면 6칸으로 구성된 완전 'ㅁ'자형으로, 맨 앞쪽 대문채에는 대문간 좌우에 온돌방과 외양간, 광을 두었다. 몸채는 겹집으로 중앙에 마당 폭을 가득 메운 3칸통 대청이 자리 잡았고, 그 좌우측에는 각기 온돌방을 설치하였다.[25] 수졸당 및 재사는 대청마루에 연결된 복도와 주요실 앞에 마루를 두고 목재 안전 난간을 설치하였다. 마루는 오늘날 복도와 발코니 역할을 하고 목재 장식 난간은 오늘날 안전 난간의 기능을 하고 있으며, 그 기품과 우아함은 오늘날의 난간을 능가한다.

---

[25] 수졸당 및 재사(守拙堂-齋舍)[한국향토문화전자대전, 한국학중앙연구원]

▶ 옥산서원 독락당 계정

　경주 독락당獨樂堂은 조선 중기에 지어진 견고하고 멋이 듬뿍 담긴 고택으로 5백 년이나 된 목조 건물이다. 독락당은 조선 시대 유학자인 이언적李彦迪(1491~1553)이 기거하던 곳이다. 이언적은 당시 훈구 세력을 견제함은 물론 성리학의 정립에 선구적인 역할을 한 인물로 알려져 있다. 이언적은 사간원 사간으로 재직 시 김안로의 재등용에 반대하다가 그들 세력에 밀려 관직에서 쫓겨나는데, 그 후 낙향하여 은거하기 위해 지은 곳이 바로 독락당이다.

　이 고택의 백미는 계당에서 바라보는 풍경이다. 흐르는 개천을 내 정원인 것처럼 조망할 수 있는 곳으로, 아름다운 자연 앞에서 적적함을 잊게 해 준다. 독락당獨樂堂, '혼자 즐기겠다'라는 회재 선생의 마음을 어렴풋이나마 읽을 수 있다.

독락당 계정 ⓒ 최권종

독락당 계정 마루와 난간 ⓒ 최권종

　독락당 건물 중 외부를 향해 자리 잡은 계정은 아주 특이한 구조로 되어 있다. 계정의 절반은 집 안쪽에 있고 나머지 절반은 숲 속에 있다. 집과 자연 양쪽 세계에 걸터앉아 있는 형태이며 사람 사는 세상과 자연, 이 두 세계가 만나는 곳인 경계에 놓인 것이다. 이 독창적인 구조는, 사람 사는 세상인 속세보다는 자연에 포함되려는 뜻을 담고 있다고 볼 수 있다. 바로 앞 개천과 개천을 넘어 자연을 느낄 수 있도록 만든 계정 마루의 구조는 발코니라고 호칭하기엔 아쉽고 서양 건축보다 뛰어난 관조의 공간 모습이라고 할 수 있다. 처마 아래 부분은 서양식 아파트에서 달아내어 만든 발코니보다 훌륭한 감각으로 조형되어 있다.

▶ **양동마을의 심수정, 관가정, 서백당**

　경주 양동마을[26]은 다른 한옥 마을들과는 달리 때 묻지 않은 천혜의 자연환경 속에서 오백여 년이 넘는 세월 동안 월성 손씨와 여강 이씨 종가가 삶과 문화, 전통을 이어가고 있는 곳이다. 한 폭의 그림처럼 펼쳐진 기와집과 초가의 낮은 토담길 사이를 걸으며 긴 역사의 정취를 여유롭게 감상할 수 있는 곳이다. 오랜 삶을 이어온 역사와 전통이 살아있는 마을답게 서백당, 무첨당, 관가정, 향단 등 수백 년 된 마을 고택에는 작은 건물 하나에도 고유의 이름이 있고 숨은 뜻이 있어 옛 선비들의 지혜를 엿볼 수 있다.

심수정 함허루 ⓒ 최권종

심수정(心水亭)의 정자는 여강 이씨 문중이 세운 것으로, 조선 명종 15년(1560)경에 지었다고 한다. 심수정은 형 이언적을 대신하여 어머니를 극진히 모신 이언괄[27]을 추모하여 지은 정자이다. 지금 있는 정자는 철종 때에 불이 나 행랑채를 빼고 모두 타 버려 1917년에 원래 모습을 살려 다시 지은 것이다. 건물 구성은 담장을 둘러 세운 정자와 담장 밖에 있

---

[26] 마을 전체가 국가 지정 문화재(중요 민속 자료 제189호)로 지정된 양동마을 안에는 국보인 통감속편과 무첨당, 향단, 관가정, 손소영정 등 보물 4점을 비롯한 22점의 국가 및 시도 지정 문화재가 있다. 씨족 마을의 대표적인 구성 요소인 종택, 살림집, 정사와 정자, 서원과 서당, 그리고 주변의 농경지와 자연 경관이 거의 완전하게 남아 있을 뿐 아니라, 유형 유산과 관련한 의례, 놀이, 저작, 예술품 등 수많은 정신적 유산들을 보유하고 있다.

[27] 이언괄(李彦适, 1494~1553)은 조선 중기의 학자이자 이언적의 동생이다. 명종 때 송라도 찰방으로 선정을 베풀어 백성들이 송덕비를 세웠다. 형 이언적이 윤원형 일파의 무고로 귀양을 가자 그를 규탄하는 상소를 올렸다. 성리학과 경전에 밝았다. 저서로는 《농재일고(聾齋逸稿)》가 있다.

는 행랑채로 크게 구분된다. 정자는 'ㄱ'자형 평면을 가지고 있으며 ㄱ자로 꺾이는 부분에 대청을 마련하였다. 대청 양 옆으로는 각각 방을 두었고, 왼쪽 방에는 누마루를 만들었다. 난간을 설치한 누마루에서 향단(보물 제412호)이 있는 북촌 일대의 경관을 바라볼 수 있어 운치를 더한다. 행랑채 역시 'ㄱ'자형 평면을 지닌 건물로 방, 마루, 방, 부엌, 광 순서로 1칸씩 구성되어 있다. 이 정자는 두리기둥·대들보·서까래 등 모든 구조재들의 치목治木과 창호, 심수정 마루에 서면 전망을 위한 계자난간 등의 다듬질에서 매우 뛰어난 솜씨를 보이고 있다. 심수정은 이 마을에서 가장 큰 정자로 특히 여름에 아랫마을에서 올려다보는 경관이 웅장하며, 옛 품격을 잘 간직하고 있는 행랑채를 비롯한 건물을 다듬은 기술이 뛰어나 귀중한 자료가 되고 있다.

관가정觀稼亭은 조선 전기의 관리였던 우재 손중돈(1463~1529)의 주택이었다. 서쪽으로 양동마을을 휘감아 도는 안락천이 내려다보이고 앞으로는 드넓은 안강면 들판이 보인다. 동쪽 문을 나서면 향단이 이웃해 있으며 발아래 양동 초입 마을이 한눈에 들어오는 경승이다.

관가정은 안채와 사랑채가 안마당을 둘러싸는 'ㅁ'자형으로 구성되어 있다. 관가정은 조선 중기의 전형적인 'ㅁ'자형 한옥이다. 관가정의 '관가'는 '농사짓는 풍경을 본다'라는 뜻이다. 곡식을 심고 이것이 자라는 모습을 보며 기쁨을 느끼듯이 자손과 후진을 양성하겠다는 뜻이다. 관가정은 살림집이면서 넓은 마루를 만들어 밖의 풍광을 바라보도록 지어졌다. 이러한 마루는 조망하기에 적합하게 디자인된 널따란 테라스 성격의 발코니와 같은 공간이다.

관가정의 마루를 둘러싸고 있는 목재를 조각하여 장식한 문양은 닭의 머리 모양을 하고 있다. 난간도 보통 난간이 아니라 섬세하게 닭벼슬 모양을 만들어 내 조합하였다. 닭 벼슬 위에 기대어 앉아 신선처럼 정갈한 자세로 휴식을 취하며, 마을 어귀를 바라보며 자손들이 훌륭하게 커 가는 모습을 상상해 봄 직하였을 것이다.

계자난간과 마루 ⓒ 최권종

관가정 ⓒ 최권종

양동마을 안골의 중심에 위치한 서백당은 규모가 크고 격조가 있는 가옥이다. 서백당은 이 마을에 처음으로 자리 잡았다고 전해지는 양민공 손소孫昭 선생이 성종 15년(1454)에 지은 집으로, 청송에서 처가가 있는 양좌동에 들어옴으로써 경주 손씨가 되었다.

서백당은 손중돈과 이언적이 태어난 곳으로도 유명하다. 사랑채는 'ㅁ'자형 정침의 동남쪽 앞에 배치되어 있다. 이런 평면 구조는 경상도 지방에서 흔히 볼 수 있는 'ㅁ'자형 가옥 구조의

서백당과 아자난간 © 최권종

모습이다. 물론 한옥에서 흔한 형태이긴 하지만 막상 개별 가옥에 실제가 보면 완전히 똑같은 구조는 하나도 없다. 이것이 한옥의 매력이다. 한옥의 구조와 멋은 모두 풍수지리 및 주인의 삶과 철학을 반영하는데, 집마다 터가 다르고 주인의 삶과 철학이 다르기 때문에 오늘날의 아파트처럼 똑같은 구조의 집들은 어디에도 없는 것이다. 그렇다면 서백당만의 개성은 무엇일까? 가옥의 규모에 비해 사랑 대청은 한 칸 규모로 매우 협소한데, 난간을 두고 마루를 기둥 밖으로 내밀어 마루를 넓히고 온돌방 앞까지 이어 공간의 협소함을 해결한 기법이 독특하다.

이렇게 커다란 규모의 종가댁의 난간은 계자각을 이용하여 화려하게 하는 것이 보통인데 이 집 난간은 별 치장 없이 간결한 아자난간으로 꾸며졌다. 누마루를 향한 양 옆 온돌방의 불발기창은 하얀 한지의 느낌

을 살려 대청의 공간이 넓어 보이게 한다. 대청마루의 난간과 비좁은 듯한 마루의 면적에서는 이 집 주인이던 손소 선생의 검소함과 선비 정신이 느껴진다. 특히 마루의 높이가 행랑채 추녀 높이까지 올라가, 누마루 끝에 앉아 있으면 사랑마루 앞의 행랑채 지붕 위에 올라가 앉아 있는 것 같은 착각이 들게 된다. 또 마루 끝, 난간 사이로 보이는 대문 밖 동정을 관찰하는 것도 흥미롭지만 사랑마당 앞 향나무를 보는 멋이야말로 일품이다.[28]

▶ 함양 정여창 고택

정여창 고택(현 정병호 가옥)은 그가 타개한 지 100년 후 후손에 의해 건립된 것으로 알려져 있다. 정여창鄭汝昌(1450~1504)은 조선 성종 때 활약했던 인물로 영남학파의 큰 맥이 되었던 대학자이기도 하다. 김굉필, 조광조, 이언적 등과 함께 동방의 4현으로 추앙받는 인물이기도 하다.

사랑채의 누마루는 저택의 마당과 뜰을 조망할 수 있는 여유가 있는 공간이다. 목재 난간으로 둘러싸인 전망 발코니의 모습과 다름없다. 이 고택은 안채와 사랑채가 각각 남서향과 동남향으로 방향을 달리하는 것도 다른 안대案對를 취하고 있으며 바깥의 풍경을 빌리고, 또 줄여서 마당에 들여 놓은 집이다. 사랑채 전면에 삼봉형三峯形 석가산石假山을 만들어 마루에 서서 이를 바라보며 심신의 여유로움을 가지려 했다.

석가산은 인공으로 돌을 쌓아 만든 산이다. 풍수적인 비보裨補로 쌓

---

[28] 서정호, "한옥의 미 1: 그리움으로 찾아가는 아름다운 전통 가옥과의 만남", 경인문화사, 2010.

는 조산造山과는 달리 규모가 훨씬 작고 관념적이다. 작은 규모지만 산과 바위, 물과 나무를 모두 들여놓아 동양 전통의 신선 사상을 반영하였다. 이 석가산을 즐기는 장소가 바로 사랑채의 누마루다. 마치 석가산과 조응하듯이 활달한 처마를 펼치고 있는 이 누마루는 정여창 고택의 백미다.

정여창 고택 사랑채

정여창 고택의 사랑채와 난간은 조선 시대 양반가의 고택에서 많이 쓰이는 건축 수법으로 조영했으며, 문을 열고 밖으로 나와 주변의 뜰을 바라보고 전경을 즐기는 공간으로 사용되었다. 이 건물들의 양식은 현대에 와서도 고건축 양식으로 신축을 할 때 자주 답습하는 건축 수법으로 이용된다. 정여창 고택은 남도 지방 대표적인 양반 가옥으로 TV 대하 드라마 '토지'의 촬영지로도 유명하고, TV 인기 드라마였던 '미스터 선샤인'에서 여주인공이 살고 있는 양반 저택으로도 사용되었다. 주인인 대감 할아버지가 흰 한복 두루마리 차림으로 사랑채 마루 위에 기품 있게 서서 조선 말기의 기울어져 가는 나라 걱정을 하고 있는 모습은 고택의 멋을 더하게 해 준다.

▶ 낙선재

낙선재樂善齋는 국권을 빼앗긴 조선 황실의 마지막을 보여 주는 공간

낙선재 방문 앞 난간

난간 형태

이기도 하다. 헌종은 낙선재를 건립하여 선조先祖의 뜻을 이어받고자 했고, 실제로 낙선재 영역인 승화루에 많은 서책을 보관했다. 낙선재 건립 이듬해인 1848년(헌종 14)에 헌종은 낙선재 동쪽에 석복헌錫福軒을 지었다. 석복헌은 '복을 내리는 집'이라는 의미를 담고 있는데, 여기에서 말하는 복福은 왕세자를 얻는 것이라 추측된다.[29] 헌종은 석복헌을 새로 지으면서 그 옆의 수강재壽康齋도 함께 중수하였다. 수강재 중수 상량문에는 수강재를 고쳐 지은 이유를 육순을 맞이한 대왕대비의 처소

---

[29] 석복헌은 헌종의 후궁인 경빈 김씨를 위해 지었다. 헌종은 왕비 효현왕후가 승하한 뒤, 1844년(헌종 10) 9월에 효정왕후를 계비로 맞이하였다. 그러나 3년 동안 후사가 없자, 1847년 (헌종 13)에 새로 후궁 경빈 김씨를 맞이하였고, 이듬해에 그녀가 거처할 석복헌을 지어 준 것이다. 정조를 닮고 싶어 했던 헌종은, 후궁을 들이는 데 있어서도 그 전례를 따랐다. 이는 장차 후궁을 통해 태어날 원자의 권위와 정통성을 확보하려는 것과 관련이 있었다.

석복헌 방문 앞 외부 전실　　**수강재 방문 앞 마루와 난간**

[낙선재 마루와 평난간(아자교란) ⓒ 최권종]

로 사용하기 위해서라고 밝히고 있다. 수강재 중수에서 주목되는 점은, 정비가 아닌 후궁 경빈 김씨의 건물과 순원왕후의 건물이 나란히 배치되었다는 것이다. 경빈 김씨의 위상을 높이고 그 후사의 권위와 정통성을 높이려 했던 헌종의 의지를 담은 것이다. 석복헌 우측 방 앞에 연결된 마루와 난간은 발코니와 안전 난간으로 볼 수 있다. 방문을 열고 잠시 머무르며 바깥을 바라보며 마음의 여유를 가지기에 좋은 공간이 되게 구성하였다. 낙선재의 정자도 바로 땅에 딛는 것을 피하고 마루와 난간을 설치하여 잠시 머물며 주위를 조망하는 공간으로 구성하였다.

낙선재의 목재 난간은 하엽을 꽃잎 모양으로 만들어 두겁대와 띳장 사이에 세운 것으로 많은 궁궐 건축과 주택 건축에서 찾아볼 수 있다. 그러나 같은 하엽이라 하더라도 그 의장 수법은 다양하여 궁궐에서 5종이나 발견된다. 만약 지방의 건축까지 확대한다면 몇 가지 더 첨가될 가능성이 있다.[30] 특이한 것은 석복헌과 수강재 전면마루에 연결된 좌측 방(안방으로 추측)은 방 앞에 발코니 같은 전실이 설치되어 있다. 이것은 안쪽의 깊은 방으로 가는 통로 역할도 하지만, 방문을 열고 마루에 서면 밖을 내다볼 수 있도록 또 하나의 문이 달려 있다. 마치 발코니에 새시를 설치한 아파트 구조와 같이 되어 있음을 알 수 있다. 낙선재는 1884년 갑신정변 직후 고종이 집무실로 사용했다.

순종은 1907년 황제의 지위를 물려받은 뒤 창덕궁으로 이어했는데 일제에 국권을 빼앗긴 이후인 1912년 6월부터는 주로 낙선재에서 거주하였다. 이때 순종의 계비인 순정효황후는 석복헌에서 생활하였다. 조선의 마지막 황후였던 순정효황후는 석복헌에서 1966년 73세를 일기로 세상을 떠났다. 1963년 일본에서 환국한 영친왕 이은李垠(1897~1970)은 1970년 낙선재에서 생을 마쳤다. 이곳은 황실의 마지막 여인들이 함께 한 곳으로도 유명하다.

수강재에는 마지막 황실 가족인 덕혜옹주(1912~1989)가 머물렀다. 덕혜옹주는 정신 분열증으로 도쿄 인근의 병원에서 지내다가 1962년 귀국하여 이곳에 머물렀다. 덕혜옹주가 귀국한 이듬해에 영친왕 이은의 부인으로 마지막 황태자비였던 이방자李方子(1901~1989) 여사도 귀국해 낙선재에서 여생을 보냈다. 이방자 여사와 덕혜옹주는 각각 낙선재와 수강재에 머물면서, 서로 의지하며 지냈다. 귀국 후에도 지병으로 많은

----

[30] 주남철, "한국건축의장", 일지사, 1993, p.130.

고생을 한 덕혜옹주가 정신이 맑을 때 썼다는 낙서 한 장은 낙선재에 대한 그리움과 함께 조선 황실의 마지막 모습을 잘 대변해 주고 있다.

나는 낙선재에서 오래오래 살고 싶어요.
전하, 비전하 보고 싶습니다.
대한민국 우리 나라.[31]

낙선재 석복헌 마루는 대한제국 초기와 일제 강점기를 거치면서, 한 많았던 왕가 여인들이 잠시 난간에 기대어 서서 밖을 조망하면서 애환을 달래는 발코니 공간이었음을 상상해 본다.

---

31) 낙선재(樂善齋) 일대 - 궁궐 전각 이야기[네이버 지식백과]

2장 우리 옛 건축에서 묻어나는 발코니

3
누樓 건축에 묻어나는 발코니 모습

　전통 건축에서 기둥 바깥으로 두른 마루를 헌함軒檻 또는 난간마루라 하지만 대개는 높게 되어 난간을 둘러야 한다. 난간마루는 마루 귀틀을 짤 때 귀틀재를 연장하여 내두든가 기둥에 귀틀을 설치하고 밑에 까치발을 대어 보강하고 두껍고 긴 널을 건너대거나 귀틀재의 안쪽과 바깥쪽에 동귀틀을 대고 마루널을 깐다. 난간을 거는 공법은 일반 목조 난간과 같다.[32] 전통 고택에서 이런 기법을 사용되기도 하였지만 누 건축에서는 지대보다 높고 넓게 마루를 구성하고 있어 필수적으로 사용되었다.
　누는 일반적으로 수려한 자연 경관이나 인공 경관을 이루는 곳, 산정이나, 언덕, 냇가, 강가, 바닷가, 연못가 등에 세운다. 강원도 삼척의 죽서루, 남원 광한루가 대표적이다. 그러나 도성, 읍성, 궁성의 안팎을 두루 살피는 기능을 가진 문루門樓도 있다. 궁궐 전각에도 휴식을 취할 수 있도록 부속된 루를 세우는데, 경복궁 자경당의 청연루淸燕樓가 그것이며, 궁궐의 뜰에 루를 만들어 사신을 맞아 잔치를 하기도 하고 휴

---

[32] 장기인, "한국건축대계 V. 목조", 보성문화사, 1988, p.338.

식을 취하면서 연구도 하는 곳이다. 경복궁 경회루慶會樓는 사신을 맞이하여 잔치하던 곳이고, 창덕궁 후원의 주합루宙合樓는 1층에 서재인 규장각을 두었다. 또한, 사찰 건축에서도 누문樓門을 건립하였고, 조선 시대의 유교 건축인 향교와 서원에서도 누를 건축하였다. 관아나 객사에서도 누를 건립하였고 개인의 주택에도 사랑채 한쪽에 누를 세우기도 하였다. 우리 건축에서도 서양 건축처럼 전망이 좋은 높은 곳에 누를 세워 여러 용도로 사용하는 지혜가 있었다.

곡굉헌(曲肱軒) 누마루

누 건축은 외곽 기둥 위로 길게 뻗은 처마가 솟아 있으며, 그 아래 마루가 있어 서거나 앉아서 탁 트인 외부를 조망할 수 있게 하고, 마루 끝단에 목조로 아름답게 장식 된 난간이 있어 마치 서양식 발코니 구조를 갖추고 있다.

누마루에 둔 난간은 외부로 떨어지는 것을 방지하는 목적을 가지고 있지만 난간 그 자체만으로도 충분히 아름답다. 대개 머무르는 곳에는 계자난간을 두고 통행을 위한 곳에는 평난간을 두기도 한다. 이처럼 난간은 내부와 외부를 구획하는 장치로 보이지만 사실은 기대어 앉아 외부를 조망하기도 하고, 외부의 수려한 광경을 실내로 끌어들이는 곳이기도 하다.

선조들에게 있어 자연은 만물이 생성하는 절대자로 가장 순수한 이상적 동경체였다. 그렇기에 이러한 자연 속에 인공적인 구조물을 만든다는 것은 극히 조심스러운 일이 아닐 수 없었다. 따라서 이러한 곳에 정자를 만들 때에는 자연을 거스르지 않는 곳에 자연과 어울리는 건물을 지었다. 때문에 이러한 곳에서는 주위의 아름다운 풍광과 어우러진, 차분하고 향기로운 즐거움을 느낄 수 있을 뿐만 아니라 그곳에 사는 사람의 자연관과 인생관도 알 수 있다. 특히 고려 말에 들어온 성리학은 주자의 학설과 함께 그의 특이한 자연관과 정사 생활을 통하여 만들어진 무이구곡도武夷九曲圖를 우리나라에 전해 주었다. 퇴계와 율곡과 같은 성리학자에게 이는 주자학을 파악하기 위한 보다 적극적인 수단이 되었다. 실제 그들은 관직에서 물러나 향리에 머물 때나 제자들을 모아 공부하면서 주자가 운곡에서 행했던 무이정사의 생활을 모범으로 삼았다. 따라서 그들이 이러한 곳에 정자를 만든 것은 유교의 자연관에 입각한 공간적인 실천이라 볼 수 있다. 이는 산의 모양이나 기개를 보고 명산이나 그 지역의 종산으로 여겼던 유역을 우리 선조들은 학문을 위한 은거의 장소로, 혹은 자연과의 화합에 의한 풍류 생활의 장소로, 혹은 선인이나 도인이 되기를 흠모하는 이상향의 장소에 입지를 택한 것과 일치하기도 한다. 그들은 깊은 산속 시내가 흐르는 곳에 정자를 지으면서 현실적 피안, 초현실적인 환상, 종교적 피안인 극락정토, 현세발복과 미래 낙원 사상을 현실적인 이상향으로 삼았는데 이는 결국 물질적인 풍요보다는 정신의 우위를, 현실적인 만족보다는 신선 사상의 현실적인 구현으로 볼 수 있을 것이다. 결국 인간이 신이 되기를 기원하고 자연과의 일체를 염원하는 신선 사상이 담겨 있는 것이다. 마루는 곧 이러한 생각과 기능을 담당하는 장소이다.[33]

경회루

우리가 잘 아는 대표적인 누각 건축은 경회루慶會樓다. 조선의 정궁正宮인 경복궁이 창건된 후 경회루 주위에 작은 연못이 조성되었고, 1412년(태종 12) 태종의 명에 의하여 큰 방지를 파고 경회루를 창건하였다. 1592년 임진왜란 때 불타서 273년간 폐허로 남아 있다가 1867년(고종 4) 흥선대원군에 의하여 재건되었다. 방지의 못 안에 방형의 섬을 만들고 거기에 누를 세웠다.

경회루 누마루

경회루는 왕이 신하들과 함께하며 화합과 소통을 이루었던 곳일 뿐만 아니라 외국 사신을 영접하고 연회를 베푸는 장소로 주로 이용되었다. 건축물의 구성은 외부 기둥과 내부 기둥 사이에 하방을 돌리고 사분합문四分閤門을 달아서 문을 내리면 방이 되게 되어 있다. 마루 끝 바깥 기둥에 낙양각이 장식되고 기둥 밖으로 계자난간이 아름답게 설

---

33) 박명덕, "한옥", 살림출판사, 2005.

치되어 있다. 이 난간은 시각적으로 높은 기둥을 짧게 보이도록 끊어 주는 역할을 하고 있다. 요즘 건축으로 해석하면 조망을 위해 마루에 장식 난간을 설치한 발코니가 있는 건축물이다.

▶ 운조루

운조루雲鳥樓[34]는 오미리의 명당에 있는 대표적인 가옥이다. 풍수학자들이 조선의 3대 길지 가운데 하나라고 일컬을 정도로 명당 중의 명당으로 꼽힌다.

전남 구례에서 하동 포구로 흘러가는 섬진강을 따라 가다 보면 토지면 오미리에 구만들이라는 넓은 들판이 있다. 토지면의 '토지土旨'라는 이름은 원래 '금가락지를 토해 냈다'는 뜻의 토지吐指였다고 한다. 그래

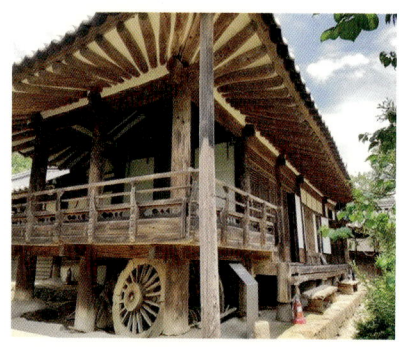

운조루 누마루

사랑방 건너 누마루가 한 단 높다

---

[34] 운조루는 조선 영조 52년(1776년) 당시 삼수부사를 지낸 류이주(1726~1797)가 세운 것으로, 당시는 99칸의 대규모 주택이었으나, 지금은 70여 칸이 남아 있다. 집 중심에는 안채를 두고 남향의 건물군이 동서축으로 길게 배치된 장방형이다. 크게 안채, 사랑채, 행랑채, 제실로 나눌 수 있다. T자형 사랑채, ㄷ자형 안채와 곳간채가 팔작지붕, 박공지붕, 모임지붕으로 연결된 일체형 구조를 보인다.

서 토지면 오미리 일대는 금환락지金環落地, 곧 풍요와 부귀영화가 샘물처럼 마르지 않는 명당으로 알려져 있다. 운조루는 대략 3,000m²나 되는 넓은 터에, 남쪽에는 연못을 두고 대문 앞에서 동쪽에서 서쪽으로 흐르는 냇물로 일차적으로 외부 공간과 구역을 정리한 뒤 대문간과 행랑채를 놓았다. 7년간의 공사 끝에 1782년 완공한 운조루는 집 곳곳에 넉넉한 나눔의 정신이 드러나 있다. 헛간에는 '타인능해他人能解'라고 적힌 쌀독을 놓아 배고픈 사람은 누구나 쌀을 가져가도록 했다고 한다. 다른 고택에서 보기 힘든 이 집만의 또 하나의 특징은 사랑채와 안채가 경사로로 연결되어 있다는 점이다. 노약자, 장애인 등 교통 약자들을 위한 배려의 마음이 돋보인다. 사랑채는 큰 사랑채와 아래 사랑채가 'ㄱ'자로 연결된 형태다. 안사랑채는 소실됐다. 큰 사랑채는 둥글납작한 막돌로 쌓은, 비교적 높은 기단 위에 세워졌는데 정면 5칸, 측면 2칸이고 북쪽으로 2칸이 돌출되어 있다. 큰 사랑채 북쪽에는 별도의 책방이 있다. 전면 1칸, 측면 2칸의 누마루에 오르면 남쪽 기와지붕 너머로 오봉산 꼭대기에 걸린 구름이 손에 잡힐 듯하고 서쪽 담장 너머로는 오미리 마을 풍경이 한눈에 들어온다. 누마루에 서면 마당에 심어놓은 목백일홍, 대추나무, 감나무 등 정원수들의 녹음이 눈을 시원하게 한다. 누마루에 '운조루雲鳥樓'라는 편액이 붙어 있다. '구름 속 새처럼 숨어 사는 집'이란 뜻과 함께 '구름 위를 나는 새가 사는 빼어난 집'이란 뜻도 있다. 중국 도연명의 '귀거래사'의 한 구절인 "구름은 무심히 산골짜기에 피어오르고雲無心以出岫 새들은 날기에 지쳐 집으로 돌아오네鳥倦飛而知還."에서 첫머리 두 글자를 취했다. 운조루 누마루 높이는 사랑채 방바닥보다 높게 설치되어 있다. 일반 방 앞에 설치된 마루는 방바닥보다 일반적으로 같은 레벨이거나 약간 낮게 되어 있어 방문을 열고 마루를 거쳐 밖으로 바로 출입을 할 수 있는 구조이다. 난간이 달린 발코니 형식의 누마루는 방바닥보다 같거나 높게 설치하는 구조로 창덕궁 연경당 난간마루에서도 볼 수 있는 구조로 전통 기법의 한 형식이다.

▶ 남원 광한루

남원에 있는 광한루(廣寒樓)[35]는 춘향전의 무대로도 널리 알려진 곳으로 넓은 인공 정원이 주변 경치를 한층 살리고 있어 한국 누정(樓亭)의 대표가 되는 문화재 중 하나로 손꼽히고 있다.

바닥은 원래 귀틀을 짜고 쪽판을 깐 우물마루였을 것으로 추측되나 지금은 장마루로 되어 있다. 누 바닥 주위에는 계자난간을 둘렀고 기둥 사이에는 모두 분합문의 들창을 달아 사방이 모두 개방되게 함으로써 누로서의 기능을 살렸다.

기둥 외곽에 마루를 뻗어내게 하여 발코니처럼 공간을 살려 그곳에 서서 누 앞에 펼쳐진 연못·정자·다리 등으로 구성된 넓은 정원을 감상할 수 있게 하였다. 마루 외단부에 안전을 위해 장식 난간을 돌려 건축미를 살렸다. 마루 밑에는 온돌방용 아궁이와 굴뚝이 사방으로 쌓은

---

35) 광한루는 보물 제281호로 정면 5칸, 측면 4칸의 팔작지붕 건물이다. 본래 이 건물은 조선 초기의 재상이었던 황희(黃喜)가 남원에 유배되었을 때 누각을 짓고 광통루(廣通樓)라 하였고 1434년에 중건되었는데, 정인지(鄭麟趾)가 이를 광한청허부(廣寒淸虛府)라 칭하면서 광한루라 부르게 되었다.

벽체에 나있다. 광한루 외곽 정원 역시 조선 시대 정원의 한 유구로 지목된다.

▶ **담양 명옥헌**

담양 명옥헌鳴玉軒 원림苑林은 조선 중기에 오희도吳希道(1583~1623)가 자연을 벗 삼아 살던 곳으로 그의 아들 오이정吳以井(1619~1655)이 명옥헌을 짓고 건물 앞뒤에 네모난 연못을 파고 주위에 꽃나무를 심어 아름답게 가꾸었던 정원이다. 소쇄원과 같은 아름다운 민간 정원으로 꼽힌다.

명옥헌은 정면 3칸, 측면 2칸의 아담한 정자이다. 교육을 하기에 적합한 형태로 건물이 지어져 있다. 건물을 오른쪽으로 끼고 돌아 개울을 타고 오르면 조그마한 바위 벽면에 '명옥헌 계축鳴玉軒癸丑'이라는 글씨가 새겨져 있다. 건물 뒤의 연못 주위에는 배롱나무가 있으며 오른편에는 소나무 군락이 있다. 우리나라의 옛 연못이 모두 원형이 아니라 네모 형태를 한 것은 세상이 네모지다고 여긴 선조들의 생각에서 비

담양 명옥헌

롯되었다. 또한 계곡의 물을 받아 연못을 꾸미고 주변을 조성한 솜씨는 자연을 거스르지 않고 그대로 담아낸 조상들의 소담한 마음을 그대로 반영하였다. 소쇄원이 그러하듯이 이 명옥헌의 물소리도 구슬이 부딪쳐 나는 소리와 같다고 여겨, 명옥헌이라고 이름을 붙였다. 건물에는 명옥헌 계축이라는 현판과 더불어 삼고三顧라는 편액이 걸려 있다. 인조가 왕이 되기 전 오희도를 중용하기 위해 세 번 찾아왔다고 해서 만든 현판이다. 오희도는 인조가 왕이 된 해에 알성문과 병과에 합격하여 관직에 나갔으나, 그해 41세로 병사하였다. 명옥헌 마루와 난간은 조선시대의 장식과는 달리 간단하고 장식이 없어 투박하다. 하지만 단순한 명옥헌의 모습은 오히려 소박한 아름다움을 깊게 느끼게 한다.

▶ **창덕궁(부용정, 주합루, 성정각, 삼삼와, 승화루)**

창덕궁 내부에는 부용정, 영화당, 성정각, 삼량정(평원루), 성정각, 승화루 등 마루와 난간이 붙어 있는 부속 건물들이 많다. 전통 정원 중에서 아름다운 곳을 이야기할 때 민간에서는 담양 소쇄원을, 궁궐에서

창경궁 부용정

주합루와 내부 누각마루

는 부용정을 가장 먼저 꼽는다. 부용정과 연못, 원도, 어수문, 계단, 화계, 주합루가 큰 하나의 축을 이루어 경직된 느낌을 줄 만도 하지만, 배경의 녹음과 조화되어 자연과 인공의 조화로운 풍광을 보여 주고 있어 진정한 '왕의 정원'을 보여 주는 곳이다.

부용정의 평면은 십자(+)로 되어 있는데, 쉽게 볼 수 있는 형태는 아니다. 부용정 실외에는 쪽마루가 연결되어 붙어 있고 마루 끝단에는 안전을 위한 계자난간이 설치되어 있다. 이 난간은 서양 발코니에 조각으로 장식된 난간보다 더욱 미려한 느낌을 줄 뿐만 아니라 부용정 몸체를 받쳐 주는 자태 또한 보여 준다. 부용정의 난간은 특수한 형태로, 난간동자 사이 궁창부의 짜임은 창덕궁 승화루와 같으나, 두겁대 밑받침과 난간동자 사이에 반원 형태의 살을 두 개씩 맞붙여 놓았다. 부용정을 정면으로 향한 연못에 위에 위치한 마루는 한 단 더 높게 설치 되어 있다. 그곳은 임금만이 설 수 있는 자리로 부용정을 내려 보며 감상할 수 있도록 만들었다고 한다. 조선 시대 전망용 발코니에 서면 또 다른 세상을 꿈꾸며, 시공간을 초월하여 사색에 잠기는 무아의 경지에 도달할

삼삼와와 승화루 　　　　　　　　성정각

듯하다.

　삼삼와를 외부로 하고 상량정 서쪽에 있는 승화루承華樓를 "창경궁 궁궐지"에서는 창덕궁 후원의 주합루에 비견하여 '소주합루小宙合樓'라 하고, 아래층을 '의신각'이라 하였다. 연경당의 정문과 낙선재의 정문이 다 같이 장락문인 점과 주변의 누각을 주합루와 소주합루라고 한 것에서 창덕궁의 주합루와 창경궁의 낙선재와 승화루의 분위기를 짐작할 수 있다. 주합이란 시간과 공간을 의미하는 것으로 주합루의 아래층인 규장각은 서고로 사용되었고 위층은 어진, 어제 어필 보책寶冊들을 보관하기도 하였던 것을 생각하면 선왕의 작품과 동서고금의 책들을 수장하여 시공이 합치되는 건물이라는 이름이 이해가 되나 소주합루가 같은 용도로 사용되었는지는 확실하지 않다. 승화루는 세자의 전용 도서실이었다. 승화루 난간은 평난간 형식이지만 'X' 교란의 교차점에 원형 살대를 넣어 복잡하지만 독특한 문양으로 만들어졌다. 젊은 세자가 공부하다 마루 난간에 서서 휴식을 취할 때 분위기에 맞춘 신세대에 어울리는 디자인이었을 것으로 추측해 본다.

승화루 난간(교란)　　　　양화당 발코니

　성정각誠正閣은 세자의 일상이 숨쉬던 동궁으로, 세자의 교육장이었으나 일제 강점기에 내의원內醫院으로 쓰기도 했다. 성정각은 단층이지만 동쪽에 직각으로 꺾인 2층의 누가 붙어 있어 독특한 모습이다. 누각에는 '희우루喜雨樓', '보춘정報春亭'이라는 편액들이 걸려 있다. 성정각 현판 '보춘報春'은 '봄이 옴을 알린다'는 의미이다. 봄은 동쪽을 상징하고 성정각이 춘궁春宮(왕세자)이 독서를 하는 곳이므로 '춘春' 자가 중의적으로 쓰인 듯하다.

　창경궁 안에 있는 궁궐 부속 건축물(숭문당, 영춘전, 경춘전, 양화당)들과 누 건축물들은 조선 시대 후기에 지어진 것으로 밖에 나와 잠시 넓은 정원과 외부 마당을 조망하도록 축조된 마루와 난간이 건축물의 이용도와 자태를 더욱 아름답게 만들어 내고 있다.

3장

대중과 함께하는 발코니

발코니는
건축물 외벽에만 붙어 있는 것이 아니다.
화가의 눈에 비친 발코니의 모습이 있고,
글 쓰는 작가의 가슴에도
발코니란 특수한 공간과 거기에서 일어나는
일들이 상상의 나래를 편다.

광장을 향해 있는 발코니는
대중 앞에 서기에 좋은 곳이며,
그곳에서 전하는 외침은
군중들에게 강력한 메세지를 전달한다.

광장의 발코니에서의 외침은
진솔하고 절박하게 다가온다.

3장 대중과 함께하는 발코니

1
문화적 공간 속의 발코니

명화 속에 표현된 발코니

발코니는 유명 화가의 작품에서도 나타난다. 발코니에 선 인물들의 특색이나 배경, 그리고 그들이 주시하는 시선 등이 작품 속에 그 의미를 내재하고 있다. 그림을 보면 발코니의 의미는 대부분 내부에서 외부를 내려다보며 외부를 조망하는 장소로 표현되고 있다.

▶ **프란시스코 고야 작 '발코니의 마하들'**

스페인 화가 프란시스코 고야Francisco Goya는 강렬한 색감으로 그림을 그리는 화가였다. 그는 1800년경 '발코니의 마하들'이란 그림을 그렸다. 그림 '발코니의 마하들'에서 우선 주목해야 할 것은 그 곳이 발코니라는 사실, 그리고 사람을 유혹하는 듯한 여인들의 관능적인 시선이 음험한 어둠과 공존하고 있는 모습이다. 고야는 1792년 혹독한 질병(성병 또는 수막염 이라 함)을 앓고 나서 청력을 잃었다고 한다. 그는 이제 소리 없는 세계 속에 던져졌다. 이 스페인 궁정 화가는 여태껏 누렸던 행복한 세상과 작별하고, 스페인을 침략한 나폴레옹 군대가 저지른 잔혹

한 살육을 보며 겪어야만 했
다. 그리하여 그의 화사한
로코코적인 색채와 낭만적
관능은 점점 내면의 어두운
무의식에 드리운 악마적이
고 광기어린 '검은 그림'으로
변해 갔다고 한다. 나폴레옹

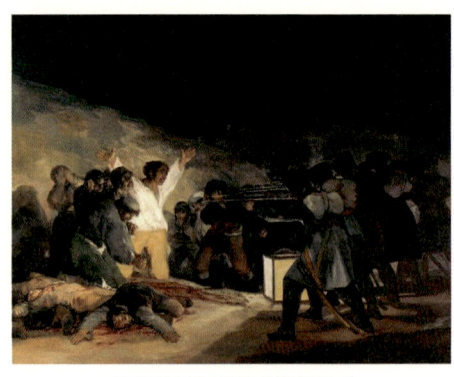

1808년 5월 3일의 학살(1814)

군에 의해 처형되는 스페인 사람들을 그린 그의 유명한 작품 '5월 3일'은 이러한 전환점에서 그려진 작품이다. 죽이는 자와 죽는 자, 목표를 겨냥하는 살인자들의 차가운 눈과 가련한 목표물을 찌를 듯한 긴 총신, 그리고 살인자들의 시선과 총구 앞에 노출된 얼굴의 대립은 참으로 극적이고 섬뜩하게 느껴진다.

'발코니의 마하들' 역시 이 무렵의 작품이다. 기이한 느낌을 주는 그림이다. 네 명의 남녀가 묘한 대립을 이루면서 어두운 벽 앞의 작은 발코니에 모여 있다. 발코니란 밖을 내다보는 곳이면서 동시에 안이 밖으로 드러난 곳이기도 하다. 건물의 안이면서 동시에 밖이며, 안과 밖이 만나는 경계가 발코니다. 그러나 '발코니의 마하들'에서 발코니는 어둡다. 이곳은 분명 행복한 사랑의 통로가 아니다. 여기에는 안과 밖이 교차하면서 빚어 내는 음산한 관능이 서려 있을 뿐이다. 밖을 내다보고 있는 화사한 백색의 두 마하(스페인에서 마하는 주로 색주집의 여자를 지칭한다) 뒤에 있는 어둠 같은 사내들은 누군가? 감시자인가 아니면 기둥서방? 아니, 오른쪽에 얼굴을 가리고 서 있는 자는 으스스한 저승사자처럼 보이지는 않는가? 그렇다면 이는 어쩌면 17세기 바로크 이후로 자주 나타났던 '소녀와 죽음'이라는 도상의 변형일지도 모른다.36) 청각을 상실한 후 고야는 인간의 내면에 숨어있는 것을 추구하는 작품 활동을 하였다고 한다.

마하 연작은 고야의 가장 널리 알려진 그림들 가운데 하나이다. 1800년에 '옷 벗은 마하'를 그렸고 1803년에는 '옷 입은 마하'를 그렸다. 같은 여인이 똑같은 포즈를 취하고 있는 이 두 그림은 어떠한 비유나 신화적 연관성이 없는 현실의 여인을 대상으로 한 그림으로, '서양 예술 최초의 등신대 여성 누드'로 평가받는다. 그림의 모델인 마하가 누구인지는 명확하지 않다. 그림을 소유하게 된 카를로스 4세의 수상 마누엘 데 고

발코니의 마하들(1835)

마하와 셀레스티나(1808~12)

---

36) 이성희, "미술관에서 릴케를 만나다 2", 컬처라인, 2003.

도이를 비롯한 여러 사람이 마하의 실제 모델로 아르바이트 여공을 꼽았으나 고야는 이를 부정하였다. 그녀가 마누엘 데 고도이가 아꼈던 정부라는 설도 있다. 여러모로 보아 마하는 실존의 어떤 인물이기보다는 고야에 의해 이상화된 여성으로 보는 것이 타당할 것이다. 1808년 고도이가 실각하자 이 그림은 그의 모든 재산과 함께 페르난도 7세에게 귀속되었다. 1813년 스페인 종교 재판은 마하 연작을 외설스럽다는 이유로 압수하였으나 1836년 반환하였다. 고야는 간신히 이단 심판을 면할 수 있었다. 현재 마하 연작은 스페인 프라도 박물관이 소장하고 있다.

▶ 에두아르 마네 작 '발코니Le Balcon'

에두아르 마네Édouard Manet(1832~1883)는 프랑스의 인상주의 화가이다. 19세기 현대적인 삶의 모습에 접근하려 했던 화가들 중의 하나로 시대적 화풍이 사실주의에서 인상파로 전환되는 데 중추적 역할을 하였다. 마네의 화풍의 특색은 단순한 선 처리와 강한 필치, 풍부한 색채감에 있다. 마네는 산보하다가 발코니에 사람들이 나와 있는 걸 보고 착상하여 이 그림을 그렸다. 그는 그림을 그릴 때 자신이 좋아하는 고야의 '발코니의 마하들Majas al Balcon'을 염두에 두었을 것이다. 고야의 작품에는 주제의 연결이 있지만, 마네의 것은 모델들이 제 각각 포즈를 취한 것이 다르다. 이 작품은 1869년 살롱을 통해 소개되었고, 사람들은 그때 마네의 회화 경향을 어느 정도 알고 있었다고 한다.

근대화가 한창 진행되어 가던 1868년 어느 날, 파리의 거리는 여전히 활력이 넘쳐흘렀다. 제국주의의 광풍이 몰아치기 직전의 파리는 급속하게 발전해 갔고, 파리 시민들의 일상도 풍요로워졌다. 그러나 파리의 뒷골목은 여전히 할렘을 이루고 있었고 빈부 격차는 날이 갈수록 커져가기만 했다. 따라서 파리 거리에는 알 듯 모를 듯 은밀하게 긴장감이 흐르고 있었고, 파리 시민들은 풍요로운 일상을 누리는 것만큼 대도시 특유의 공허함을 느끼고 있었다. 에두아르 마네는 이를 눈치 채고 있었던 것일까? 그의 그림들은 '발코니' 속 인물들처럼 화려한 부르주아의 모습을 하고 있지만 그들의 눈은 한없는 공허함으로 가득 차 있다. 생기라고는 찾아볼 수 없는 눈을 뜬 채 각기 다른 곳을 응시하는 인물들의 모습은 겉만 화려해져 갔던 파리 특유의 공허함을 상징하는 듯하다.[37]

발코니(1868~1880)

우아한 발코니에 앉아 있는 세 명의 인물은 모두 마네의 친구들이다. 뒤에서 흐리게 표현한 시중들고 있는 네 번째 친구는 그의 아내의 친척인데, 그의 존재는 발코니 안쪽으로 방이 있다는 사실을 알려 주기 위해 그려진 것이다. 그 방은 이 세 사람이 들어가게 될 사적인 공간이다. 가운데 지루한 듯 멍한 표정을 짓고 있는 남자는 터키 무관처럼 고개를 살짝 기울이고 있다.

37) 출처: http://artntip.com/526 [아트앤팁 닷 컴]

그 앞에 투명한 흰색 옷을 입고 있는 여성들은 서로 다른 방향을 응시하고 있는데, 한 명은 자신의 장갑을 만지작거리고 있고, 다른 한 명은 엄숙한 표정으로 먼 곳을 바라보고 있다. 하지만, 생각 없어 보이는 이 사람들은 사실 어떤 잠재성으로 가득 차 전율하고 있다. 가운데 남자는 풍경 화가였던 앙트완 기유메다. 서 있는 여자는 유명한 바이올린 주자였던 파니 클라우스로 우산을 마치 악기처럼 들고 있다. 그리고 나머지 한 명, 앉아 있는 여자는 인상파 화가였던 마네의 동료로 미모를 갖춘 베르트 모리조이다. 그러나 그들의 재능이 아무리 대단한 것이었다 하더라도, 그들은 지금 발코니로 상징되는 '사회'에 갇힌 채 멍한 상태에 빠져 있다. 그들은 누구와도 소통할 수 없는 것이다. 심지어 앞에 있는 공에 정신이 팔린 강아지까지 이 세 사람에게 관심을 보이지 않는다.

녹색의 난간은 그들을 양쪽에서 꼼짝 못하게 막으면서 공격적으로 앞으로 솟아 있다. 세 사람은 완전히 노출되어 있는데, 이러한 의도적인 멍함이 그림의 동기가 되지 않았을까 한다. 그림에서 유일하게 활기 있어 보이는 색깔은 남자가 매고 있는 넥타이의 파란색인데, 거기서 우리는 사용되지 않는 활력, 꽉 막힌 소통, 살아도 사는 것이 아닌 느낌이 몰려오는 것을 느낀다. 나중에 마네의 동생과 결혼한 모리조의 격정적인 화려함은 사회와 그 구속의 하찮음을 강조하는 듯하다. 여기 있는 세 사람은 그래서 사회 속으로 자유롭게 들어갈 수가 없다. 강아지도 들어가는 그곳으로 말이다. '발코니Le Balcon'는 고야의 '발코니의 마하들Majas al Balcon'의 개정판과도 같은 그림으로 그의 대표작 중 하나로 꼽힌다. 이 작품은 '화실에서의 오찬Luncheon in the Studio'과 함께 이듬해 국전에서 소개되었는데 평론가들의 구설수에 올랐다. 꾸밈없이 투박한 녹색 발코니와 부자연스러운 세 모델의 포즈를 꼬집은 사람도 있었고, 전혀 무관한 괴이한 것들의 조합에 불과하다고 혹평한 사람도 있었다. 그러나 '발코니'는 한여름에 느끼는 시원함 같은, 아주 고상하고 지적인 작품이다. 이 작품은 너무 쉽게 내팽개쳐진 그런 가치들을 다시 한 번 생각하게 만든다. 어쩌면 마네는 고상한 혁명가였는지도 모른다.

그의 초기작인 '풀밭 위의 점심 식사'와 '올랭피아'는 엄청난 비난을 불러 일으켰으나 반면에 수많은 젊은 화가들을 주변에 불러 모으는 힘의 원천이 되었는데, 이들이 후에 인상주의를 창조하였다. 1863년의 낙선전에 '풀밭 위의 점심 식사'가 전시되자, 아카데미에 선택받지 못한 젊은 화가들이 그의 작품에 감명 받고 마네에게 모였다. 그들은 마네의 집 근처 카페인 게르부아에 모여 그림에 대한 이야기를 나눴으며, 이 모임은 인상주의 회화를 잉태하는 산실이 되었다. 그러나 이런 역사적인 의미와 달리 당시 마네는 인상주의 회화 모임에 친교 이상의 의미를 부여하지 않은 것으로 보인다. 그의 작품 '올랭피아'는 우리나라에서 한 화가가 합성 그림으로 전 대통령을 묘사해 정치·사회적 이슈가 되기도 하였다.

풀밭 위의 점심 식사(1862~1863)

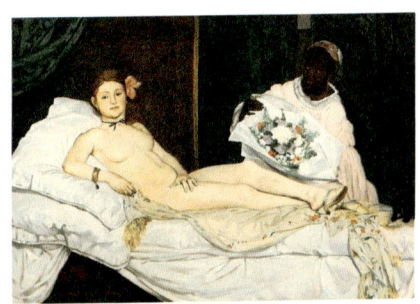
올랭피아(1863)

▶ **구스타브 카이유보트 작 '발코니'(1880)**

　에두아르 마네의 발코니 그림은 부르주아적 궁금증을 유발한다면 구스타브 카유이보트Gustave Cailebotte는 파리의 시가지를 당당하게 내려보는 부르주아의 시선을 담고 있다.[38] 20대 초반에 법학사를 취득했지만 그러나 미술에 관심을 두고 뒤늦게 공부를 해서 화가가 된 구스타브 카이유보트Gustave caillebotte는 19세기 말에 자기 집 앞 거리를 내려다보는 '발코니'를 그렸다.

　두 남자가 발코니에서 거리를 내려다보는 이 평범한 장면에는 건축과 계급의 관계가 숨겨져 있다. 남자들이 내려다보고 있는 거리는 '오스만 대로'로, 나폴레옹 3세 시절 파리의 도시 정비를 담당한 '오스만 남작'의 이름을 따서 붙여졌다. 그는 오늘날의 직급으로 치자면 파리 시장쯤 되는 인물로, 특히 건축물에 대해 엄격한 기준을 적용하였다. 건물의 외벽은 반드시 주변의 다른 건물과 조화를 이루도록 허가를 받아야 했고 층별로 구성 조건이 달랐다. 지층이나 1층은 상점으로 쓸 수 있었고 그 위부터 주택인데, 2층에만 장식이 있는 발코니를 둘 수 있었다. 그 당시에 건축 심의 기준이 있었던 셈이다. 엘리베이터가 보편화되기 전이라 귀족들은 보통 살기 편한 2층에서 살았다. 3, 4층은 발코니 없이 창문만 있는 경우가 대부분으로, 중간 계층이 살았다. 지붕은 45도 각도여야 하며 그 아래에는 다락방을 둘 수 있었는데, 이곳에는 최하층민들이 머물렀다. 이 작품 속의 남자들은 2층 발코니에 있는 신사들이다. 구스

---

38) Naver.com. 발코니 '인상파 아틀리에' 인용

구스타브 카이유보트 작 '발코니'(1880)

타브 카이유보트의 작품에 등장하는 발코니는 당시 대단한 상류 계층이었던 그의 집이고, 남자들은 남동생이나 사촌, 혹은 주변의 인물들이라고 한다.

▶ **홍성우 작가의 '아파트 프로젝트'**

일러스트레이션 작가인 홍성우의 아파트 그림책 "APARTMENT"에 수록된 그림이 있다. 이 작품은 3D 프로그램으로 아파트의 외형을 모델링한 뒤 조명을 세팅해, 빛과 함께 시시각각 변화하는 아파트의 모습을 담았다. 이후 이미지 편집 프로그램을 통해 색, 명암 등의 보정을 거쳐 마무리했다. 빛을 강하게 처리해, 아파트에서 가장 변화무쌍한 부분인 발코니의 디테일을 강조했다. 책에 실린 여러 아파트 이미지는 빛을 섬세하게 표현해 언뜻 사진 같지만 3D 그래픽으로 제작한 그림이다.

홍성우 작 '아파트'의 발코니(2018)

20년가량을 안양과 서울, 부천 등 여러 곳의 아파트에서 살아온 그는 어느 날 문득 오래된 아파트에 시선을 사로잡혔다고 한다. "제가 지금 사는 곳처럼 20년 이상 된 아파트들은 대체로 외형이 화려하지 않고 무던하죠. '두부' 같다는 표현을 자주 쓰는데 노을이 지면 노을빛이, 흐린 날은 흐린 대로 빛이 자연스레 스며드는 모습이 아름답다고 느꼈습니다. 아파트에 해가 들 때면 때때로 수백, 수천 년 전부터 원래 그 자리에 있던 거대한 절벽이나 계곡 같은 풍경을 떠올리게 되기도 합니다."[39]라고 아파트를 그림으로 그린 이유를 말하고 있다.

문학 작품 속 중요 요소로의 발코니

셰익스피어의 문학 작품에 나오는 이탈리아 베로나의 줄리엣 집 발코

---

[39] 2030세대의 오래된 아파트 재발견 '있는 그대로 아름답다', 중앙일보, 2018.10.31.

니는 영화 '레터스 투 줄리엣'의 배경이 되어 더욱 인기를 끄는 곳이다. 특히 전 세계의 많은 사람들이 찾는 곳, 특히 영원한 사랑을 위해 연인들이 찾는 곳이다. 줄리엣의 집 발코니는 '창문을 열어 다오' 라는 대사를 탄생시킨 장소이자 대중들이 가장 좋아하는 곳이다.

베로나의 줄리엣의 발코니는 유명한 셰익스피어의 희곡 "로미오와 줄리엣"에서는 사랑을 고백하는 장소로 사용되었다. 줄리엣은 첫눈에 반한 로미오를 떠올리며 잠을 이루지 못하고 발코니를 서성인다. 또 하늘을 보면서 로미오에 대한 뜨거운 마음을 읊조린다. 줄리엣의 고백을 엿듣게 된 로미오는 발코니를 타고 올라가 그녀 앞에 나타나 이런 대화를 나눈다.

오, 로미오. 왜 당신은 로미오인가요?
....
오, 제발 다른 이름을 가져요.
이름이란 뭘까? 장미가 다른 이름으로 불린다 해도 달콤한 향기엔 변화가 없을 것을. 로미오도 이름이 로미오가 아니더라도 이름과는 상관없이 사랑스런 완벽함을 간직할 거야.
로미오, 그대의 이름을 버려요. 당신의 일부가 아닌 그 이름 대신 내 모든 것을 받으세요.
그대의 말대로 그대를 받아들이겠소.

발코니에서 이렇게 대화를 나누며 둘은 서로의 애절한 사랑을 확인한다.

외벽에 노출된 별도의 공간인 발코니는 원수지간인 두 가문의 집(주공간)이 아닌 외부를 연결하는 특별한 공간으로 로미오와 줄리엣이 사

베로나의 발코니와 영화의 한 장면

랑을 고백하고 이루는 최적의 장소였고 극의 클라이막스를 연출할 수 있는 무대가 되었다. 발코니란 장소와 배경이 없었더라면 로미오와 줄리엣은 늦은 밤 다른 장소에서 무미건조한 사랑의 대화를 나누었을지도 모른다.

줄리엣은 로미오가 원수 집안의 자식임을 알게 된다. 발코니에서 줄리엣이 독백을 한다. "로미오 … 당신은 왜 로미오죠?"라고. 이것은 로미오와 줄리엣의 갈등이 담겨 있는 부분이라고 할 수 있다. 원수의 자식임을 알게 되면서 줄리엣은 매우 심각한 마음의 혼란을 겪는다. 물론 로미오도 마찬가지이지만 말이다. '단지 이름을 왜 그렇게 지었냐?'는 이유로 물어본 대사가 아니라는 것을 잘 알 것이다. 원수 집안의 자식인 로미오. 왜 그 로미오가 바로 당신인 거냐고 묻는 매우 안타까운 마음을 표현한 구절이라 하겠다.

셰익스피어의 희곡 "로미오와 줄리엣"에서, 로미오는 줄리엣의 사촌 티볼트를 죽이고 추방 명령을 받는다. 줄리엣이 있는 한 베로나는 그에게 유일무이한 삶의 터전이다. 그곳을 벗어나는 순간 인생이 의미를 잃는다. 그 맹목적 사랑의 강렬함에 이끌렸기 때문일까? 이들의 비극이 펼쳐진 무대인 이탈리아 북부의 작은 도시 베로나는 지금도 로미오와 줄리엣의 흔적을 찾는 관광객들의 발걸음이 연중 끊이지 않는다.

재미있는 것은 베로나를 무대로 두 편 이상의 작품을 쓴 셰익스피어는 정작 단 한 번도 이탈리아 땅을 밟아 본 적이 없다는 사실이다. 원수 집안 자제들 간의 사랑이라는 강력한 플롯 역시 이탈리아 작가의 기존 작품에서 얼개를 따다 각색한 것으로 알려져 있다. 아무튼 일단 작가의 손을 떠난 예술 작품은 대중의 해석에 따라 의미가 부여되고 새로 태어나는 것이다. 허구라는 걸 알면서도 사람들은 세기의 연인이 남긴 자취를 따라 몰려든다.

베로나 당국은 1930년대에 캐플릿 가문과 발음이 비슷한 카펠로 거리에 '줄리엣의 집'을 만들고 '사랑의 순례자'들을 불러들였다. 본래 13세기에 지어진 여관 건물을 개조해 작품의 배경이 되는 시대의 양식으로 꾸미고 근사한 발코니까지 마련한 것이다. 여성들이 앞다퉈 이 발코니에 올라가 몸을 내밀면 아래에선 일행이 연신 카메라 셔터를 누르는 풍경이 반복된다. 줄리엣의 집은 입구부터 통로까지 사람의 손이 닿는 모든 벽에 낙서가 가득하다. 세계 각국의 언어로 쓰인 사랑의 밀어들은 저마다 크기도 색도 제각각이다. 어떤 이는 사연을 적은 쪽지를 접어 벽돌 틈에 끼워 넣느라 정신이 없다. 그렇게 꽁꽁 감춰 놓으면 영원히 사랑이 변치 않을 거라고 믿는 모양이다. 마당 한쪽에 세워진 줄리엣 청동상은 오른쪽 가슴 부분이 유독 노랗게 반질반질 윤이 난다. 청동상의 가슴을 만지면 사랑의 소원이 이뤄진다는 속설 때문에 들르는 관광객마다 한 번씩 손을 대고 지나가는 탓이다. 발코니의 로맨스여! 지금도 세계 각국에서 몰려드는 수많은 여행자들은 셰익스피어의 희곡 속에 나오는 베로나의 발코니를 보러 베니스를 찾아가고 있다. 줄리엣의 집 근처에 있는 수도원 지하에는 줄리엣의 무덤도 있다. 뚜껑이 없는 석관은 텅 비어 있다. 방문객들은 저마다 머릿속에 자신만의 줄리엣 얼굴을 떠올릴 뿐이다. 시내에는 중세풍의 모습을 간직한 로미오의 집도 있지만 일반에 공개되지는 않는다.

스웨덴 소설 중 "발코니에 선 남자 Mannen pa Balkongen(1967)"[40]란 추리 소설이 있다. 마이 셰발 Maj sjöwall과 페르 발뢰 Per Wahhöö는 범죄 소설의 형식을 빌려 부르주아 복지 국가로 여겨졌던 스웨덴 사회에서 나타나는 문제점을 보여 주기 위해 '마르틴 베크' 시리즈를 집필했다. 공동 저자인 마이 셰발과 페르 발뢰는 이 시리즈에 '범죄 이야기'라는 부제를 붙여 스웨덴이 숨기고 있는 빈곤과 범죄를 고발하고자 했다. 또한 이 소설은 대중소설로서 긴박한 전개와 현실적인 인물이 자아내는 위트도 갖추고, 뛰어난 오락성도 동시에 제공하여 두 마리 토끼를 훌륭하게 잡은 작품으로 평가된다.

"발코니에 선 남자"는 스톡홀름에서 일어나는 두 개의 가공할 만한 범죄를

발코니에선 남자
(엘렉시르출판사, 2017. 2. 17)

---

40) 마이 셰발·페르 발뢰 지음, 김명남 옮김, "발코니에 선 남자", 엘릭시르 펴냄, 2017.

다루고 있다. 유럽의 여느 도시처럼 스톡홀름에도 많은 공원이 있다. 어느 날부터인가 평화로워야 할 공원이 잔혹한 범죄의 현장이 된다. 현금을 지닌 노약자들이 강도에게 얻어맞고 가방을 빼앗기는 사건이 연쇄적으로 벌어지기 시작한 것이다. 강도 사건만으로도 정신없는 경찰들 앞에 또 다른 범죄가 발생한다.

새벽 2시 45분에 해가 떠올랐다. …(중략)… '경찰'이라고 적힌 자동차 한 대가 조용히, 천천히 미끄러져 갔다. 오 분 뒤, 쨍그랑 유리 깨지는 소리가 들렸다. 누가 장갑을 낀 손으로 가게 창문을 깬 것이다. 잠시 후에 누군가 도망가는 발걸음 소리가 들리더니 이어 웬 자동차가 뒷길로 내빼는 소리가 들렸다.

발코니에 선 남자는 모든 것을 목격했다. 원통형 철제 기둥이 늘어서 있고 양옆 골함석 판으로 댄 평범한 발코니였다. 남자는 난간에 기대어 서 있었다. 어둠 속에서 남자의 담배가 작고 붉은 점으로 타들어 갔다. 남자는 규칙적인 간격으로 담뱃재를 떨었다. 담배를 끈 뒤에는 길이가 1센티미터도 안 되는 꽁초를 나무 물부리에서 조심스럽게 뽑아내어 다른 꽁초를 내려놓았다. 작은 야외용 탁자에는 잔 받침이 하나 놓여 있었고 그 가장자리에는 이런 꽁초가 벌써 열 개나 가지런히 줄지어 있었다. …(중략)…

발코니 남자는 몸을 숙여 도로를 내려다보았다. 남북으로 길고 곧게 난 도로였다. 남자는 이 킬로미터가 넘는 거리 전체를 수월하게 살펴볼 수 있었다. 한때 명소이자 자랑거리였던 이 대로는 건설된 지 벌써 사십 년이었다. 발코니에 선 남자와 나이가 비슷했다. 1967년 6월 2일 오전 6시 30분이었다. 남자가 있는 도시는 스톡홀름이었다. …(중략)…

발코니의 남자는 보통 키에 평범한 체격이었다. 얼굴은 별 특징이 없었다. 흰 셔츠를 입었고, 넥타이는 매지 않았고, 다리지 않은 갈색 개버딘 회색 양말과 검은 신발을 신었다. 성긴 머리카락은 이미 위로 똑바로 빗어 넘겼다. 코가 컸고, 눈동자는 청회색이었다.

발코니에 선 남자는 외부를 조망할 수 있는 발코니란 장소를 통해서 범죄 사실을 알게 된다는 내용의 전개가 있다. 소설 속에 표현된 문장 속에 그 당시 스웨덴 발코니의 설치 높이, 구조와 마감 재료 등을 간접적으로 추측할 수 있다. 소설 속의 내용 전개가 도심의 발코니를 이용하였으나 작가는 도시 구조에 대하여 숙지하고 있으며 소설 속에 추리적 줄거리 구성에 대입하였다.

일본 작가 토시카즈 카세加瀬俊一의 "역사의 발코니歷史のバルコニー(1993)"란 책은 유럽을 물들인 로맨스를 담은 내용이다. 저자는 유럽의 귀족 문화가 융성하던 시절의 '외교 교섭은 연애와 연동되었다.'라고 말하고 있다. 유럽의 사교 문화가 꽃피던 시절인 19세기부터 20세기 초 유럽의 역사를 바탕으로 몇 편의 흥미로운 내용을 그린 작품이다. 외교에는 사교가 있고, 남자와 여자가 존재하는 이상 필연적으로 연애를 빼놓고 말할 수 없다는 것이다. 요즘에는 높은 직위에 있는 사람들의 불륜이나 애인(첩)이 밝혀지면 일대 스캔들로 소란을 피우겠지만, 당시의 귀족들의 문화와 사교계에 있어

역사의 발코니
(문예춘추, 1993. 07)

서는 애인(첩), 불륜, 간통 등은 남녀 모두에 대해서 관용적인 분위기였던 것 같다. 이 책에 나오는 주내용은 '나폴레옹이 전쟁 중에 각국의 귀족들이 모여 화려하게 개최된 비엔나 회의와 비밀 활동을 한 오스트리아 외무장관 메테르니히와 프랑스 변절자 외상 타이레란, 나폴레옹 친동생 폴린의 관점에서 그린 나폴레옹의 활약과 몰락, 19세기 중반의 프랑스 제2제국 정부를 세웠던 나폴레옹 3세와 스페인 출신의 공주 우 제니, 제2차 세계 대전 중 이탈리아 독재자 무솔리니와 마지막으로 함께 처형된 애인(첩) 쿠라렛타, 사랑을 위해 영국 왕위를 포기한 에드워드와 아내가 될 여자 월리스에 대한 것이다. 모두 유명한 사건과 인물들이 등장하지만 좀처럼 이런 형태로 기록된 책은 드물다고 한다. 글도 읽기 쉽고 재미있다는 서평도 있다. 그런데 건물의 발코니와는 직접적인 관련이 없다. 이 책에서 작가는 '발코니'를 로맨스가 이루어지게 하는 가교의 이미지, 즉 상징적인 무대로 본 듯하다. 책의 제목 '역사의 발코니'는 발코니가 외부 공간과 내부 공간을 연결하는 매개 공간이듯이 문학에서 같은 뜻으로 사용되고 있음을 추측해 본다.

   도시 구조에 대한 발전 단계로 미국에서 발생한 1990년대 신도시주의 New Urbanism[41]는 도시의 사회 문제가 무분별한 도시 확산과 밀접한 관계가 있으며 이러한 사회 문제를 해결하기 위해 도시 개발에 대한

---

41) 미국의 개발 원칙을 체계적으로 변화시키는 것을 목적으로 1993년 10월 버지니아주 알렉산드리아에서의 모임에서 비롯되어 순수 전문가 조직체가 아닌 서로 다른 분야의 설계 전문가와 공공 및 민간의 정책 결정권자, 도시 설계나 도시 계획에 관심을 가지는 시민들의 연합체로서의 신도시주의(NewUrbanism) 협회가 구성되었다.

근본적 접근 방법의 전환이 필요하다는 인식으로부터 출발한 도시 계획 이론이다. 여기에서 '안전한 주거지 가로의 설계에 대하여 자연 감시 natural Surveillance에 대하여 언급하고 있다. 근린 지구 안전에 대한 관건은, 보는 사람이 있다고 느낄 때 잘못된 행위들이 줄어드는 현상이 나타난다. 범죄 예방 상의 용어인 '자연 감시', '길 위의 눈'이다. 다시 한 번 말하지만 그런 환경을 만들기 위해서는 건전한 계획, 도시 설계, 가로 설계, 건물 설계의 조합이 필요하다. 공공 공간에 면한 건물은 창문, 출입문, 그리고 현관이나 발코니처럼 사람이 있음을 외부에 드러내는 표시들을 지니고 있어야 한다. 나쁜 일을 벌이려고 하는 사람은 이곳이 감시되고 있는 장소임을 즉시 알아차린다. 창문과 현관, 발코니를 갖춘 건물을 가로나 공공 공간에 밀착하여 배치하는 것 역시 '영역감'을 만들어 준다. 이것은 그 공간에 대한 소유감을 공유하는 이웃들은 그들의 커뮤니티를 보호할 권한을 부여받았다는 느낌을 갖고 책임 있는 행동을 요구하게 된다.[42]

공연장 속의 발코니

로시니의 유쾌한 오페라 '세빌리야의 이발사'는 사랑스런 여인 로지나의 발코니에서 시작되고 그녀의 발코니에서 끝난다. 로지나의 발코니 밑에서 부르는 알마비바의 세레나데는 건물 안(로지나)과 밖(알마비바)의 만남을 알리는 전주곡이다. 알마비바는 이발사 피가로의 기지를 빌

---

42) 뉴 어바니즘 협회 지음, 안건혁·온영태 옮김, "뉴 어바니즘 헌장", 한울아카데미, 2003.

려 발코니의 열쇠를 훔치게 되고, 발코니를 통해 기어코 연모하는 여인의 방으로 입성하는 데 성공한다. 연적 바르톨로에 의해 연인들은 발코니에 갇히게 되지만 그들은 이 발코니에서 기어코 사랑의 승리를 얻는다. '로미오와 줄리엣'인들 무엇이 다르랴. 여기서도 운명은 창의 발코니를 사랑의 무대로 활용하는 것을 마다하지 않았다.

오페라 극장에는 중세 봉건 시대부터 로열박스를 만들었다. 로열박스 다음으로 발코니석은 로얄석으로 불린다. 지금도 오페라 극장에는 로열박스 대신 중요한 인물이나 중요 회원을 위해 발코니석을 설치하기도 한다. 발코니석은 공연을 보기 좋은 위치에 있고 프라이버시를 위한 별도 공간으로 사용되게 만든다. 드레스덴의 젬퍼오페라극장, 밀라노의 라스칼라, 파리의 팔레 가르니에, 부다페스트의 국립오페라, 모스크바의 볼쇼이극장 등 대부분의 오페라 극장에는 로열박스가 있다. 왕실이 극장 건립을 주도했기 때문이다. 상업 귀족들이 컨소시엄 방식으로 건립한 바르셀로나 리세우극장에는 로열박스가 없다. 베네치아 페니체극장의 로열박스는 1807년 나폴레옹 황제의 방문을 즈음해 새로 만든 것이다.

로열박스는 대개 2층 발코니의 중앙에 자리 잡고 있다. 하지만 한때 왕족들이 선호했던 자리는 무대 위나 무대 양옆이었다. 무대를 보는 시야는 만족스럽진 못하지만 객석을 한눈에 내려다볼 수 있기 때문이다. 정확히 말해 모든 관객의 시선을 한몸에 받을 수 있는 자리다. 로열박스에는 공연 도중에도 훤하게 불이 켜져 있어 자신의 존재를 드러낼 수 있다. 지금도 런던 로열오페라하우스, 코펜하겐 오페라하우스에서 여왕

밀라노 라스칼라 극장

파리 가르니에 궁전 오페라 극장

비엔나 오페라 극장

예술의 전당 오페라 극장 발코니석

이 앉는 자리는 프로시니엄 양 옆의 2층 발코니석이다. 코펜하겐의 로열석에는 팔걸이가 있는 가죽 의자 5개가 놓여 있다.[43]

오페라 극장의 발코니석뿐만 아니라 오페라 공연 무대 장치에서도 자주 발코니를 만들어 그곳으로 연기자들이 이동하면서 공간적으로 입체적인 효과를 연출하고 있다. 관람석에서 느끼는 시각적인 효과와 극작가의 의도와 내용 전달을 위하여 입체적으로 극중 클라이막스를 만들어 내는 장소로 자주 이용되고 있다.

---

[43] 이장직, '로열박스는 언제부터 생긴 것일까', "오페라 보다가 앙코르 외쳐도 되나요", 서울대학교출판문화원, 2012.

뉴욕의 구겐하임미술관(The Solomon R. Guggenheim Museum)

뉴욕의 구겐하임미술관은 프랭크 로이드 라이트Frank Lloyd Wright가 마치 달팽이를 연상시키는 나선형으로 전시 공간을 설계하여 만든 미술관으로, 전시장과 관람 동선이 발코니 방식을 이용하고 있다.

건축가 설리반Louis Henri Sullivan(1856~1924)과 함께 미국 현대 건축의 창시자로 불리는 라이트는 책도 많이 쓰고 강연도 많이 하는 지식인 예술가였다. 그는 1,000채 이상의 건물을 설계했는데, 그중 500여 채가 실제로 지어졌다고 한다. 라이트는 그의 최고 걸작 중 하나인 구겐하임미술관이 완공되기 반년 전 타계했다. 건축주인 미술 작품 수집가인 '솔로몬 R 구겐하임' 역시 새 미술관 건물이 완공되기 10년 전에 세상을 떠나 이 기념비적인 건물을 보지 못했다. 구겐하임미술관은 맨하탄 빌딩 숲 속에서 유난히 눈에 띈다. 전통 양식의 빌딩이 즐비한 가운데 초현대식 건물이 들어서 있기 때문이다. 안팎이 모두 눈처럼 새하얀 소라 껍데기 모양의 나선형으로 구성되어 있고, 내부의 중앙은 꼭대기까지 툭 트였다. 벽을 따라 나선형 복도를 오르내리면서 작품을 감상

구겐하임 미술관과 전시장 내부

할 수 있다. 라이트는 이 미술관을 관람객이 엘리베이터를 타고 맨 위층으로 올라간 후 나선형 복도를 따라 내려오면서 그림을 감상하도록 설계했다고 한다. 그러나 설계자의 의도와는 반대로 미술관은 걸어 올라가면서 감상하도록 작품을 전시한다. 건축가의 설계 의도와 달리 사람들이 올라가면서 미술품을 감상하자 미술관도 거기에 따를 수밖에 없었던 것으로 추측된다. 이 건물에 대해서는 찬사도 많았지만 비판도 많았다. 디자인이 독특하면 그런 법이다. 우리나라 과천에 있는 국립미술관도 실내 복도식 전시관 구조를 취하고 있지만 일부 전시장은 발코니 형식을 취하고 있다. 많은 전시관들이 관객들의 관람 동선을 고려하여 전시 방식을 정하는 것을 선호한다.

2
도시 공간 속의 발코니

광장과 발코니

발코니는 종교적 또는 정치적인 목적에서 중요한 장소로 쓰이기도 한다. 중세 도시의 중요 건물 전면에는 시민이 모이는 광장이 있으며 그 건축물의 발코니는 종교 지도자나 정치인들이 광장에 모인 군중과의 소통을 위한 장소로 활용되었다. 여기서 중요 정치적 이슈를 전달하기도 하고 여러 가지 중요한 사건을 대중에게 공표하기도 하였다. 방송 통신 수단이 발달하기 이전에는 발코니만큼 군중들 앞에 직접 나서서 의사를 전달하기에 좋은 장소는 없었다.

사람들이 모이는 광장이 있고 그곳에 연해 발코니가 있는 건물이 있다면, 그 발코니에서 군중들을 향해 하는 연설은 전달 효과가 매우 클 것이다. 이런 의미에서 광장과 발코니는 물리적으로 서로 공존하는 시설물이며 상호 보완적이라고 할 수 있다. 광장을 구획하고 입체화시키는 둘러싸인 건축물에 붙어 있는 발코니는 종교적으로나 정치적으로 지배자와 유력자의 의사를 전달하는 훌륭한 무대가 된다.

광장이란 공간은 사람들이 편안하게 느끼는 장소일 뿐만 아니라 이슈를 토론하는 데 매우 적합한 장소이다. 고대 그리스의 광장인 아고라 Agora가 없었다면 다양하고 수많은 다른 이들의 의견을 접하기 어려웠을 것이다. 이러한 이유로 광장은 연사와 청중을 끌어들이며 또한 신성한 의식보다 덜 형식적이지만 명백하게 사회 질서를 강화하는 특별한 볼거리를 제공하는 무대도 된다. 광장은 통치자의 군림과 통치자가 표상하는 질서를 가시적으로 보여 주는 공간이다. 광장은 광장 자체로 권력을 발산하는 장소이며, 통치자의 권력을 증명하는 훌륭한 무대가 되고, 의식이 행해지는 동안 사회적 유대가 강화된다.[44]

유럽에는 광장이 많다. 유럽 도시의 광장은 오늘날 유럽의 과거를 말해 준다. 광장은 고대부터 도시를 형성하면서 만들어졌는데 시장의 기능, 사람을 모으는 사회 활동의 기능, 전시와 연주 등을 하는 기능과 군중의 무대가 되어 왔다.

문학에서 인간의 지극히 개인적이고 내면적인 '밀실'과 구분되는 인간 간의 상호 작용의 공간으로서의 '광장'을 다룬 작품도 있다. 우리나라 소설 최인훈의 "광장廣場"이 그것이다. 이 소설에서 주인공 이명준의 '밀실'이란 자신만의 내말한 삶의 공간이며 '광장'이란 사회적 삶의 공간을 의미한다. 이명준의 바람직한 삶이란 이 두 가지의 삶의 방식이 상호 관계와 작용 속에 균형을 이루는 것이었다. 이명준은 철학도로서 영위하는 '밀실'에서 현실적인 이유로 '광장'을 찾아 월북하게 된다. 그러나 이 '광장'에서 절망을 한 후 연인 은혜와 '밀실'로의 회귀를 기도한다. 조국의

---

[44] 프랑코 만쿠조 외 지음, 장택수 외 옮김, "광장", 생각의 나무, 2009, p.61.

산 마르코 광장

두칼레궁 발코니 모습

현실을 벗어난 제3의 길이란 있을 수 없기 때문이다. 그러나 결국 마음을 접고 중립국행을 선택하지만 끝내 바다에 투신하고 만다. 인간에게는 누구에게나 자신만의 '밀실'이 필요하지만 동시에 공동체적 삶의 영위할 수 있는 '광장'이 필요하다는 것이 이 작품의 내용이다.

광장과 발코니가 잘 조화롭게 구성되어 있는 곳은 베니스의 산마르코 광장을 들 수 있다. 산마르코 광장은 베네치아의 정치·종교·문화의 중심지이다. 관광객에게는 베네치아 관광의 시작점이기도 하다. 광장의 3면이 아름다운 건축물의 주랑으로 둘러싸여 있어 광장이 아니라 마치 거대한 홀 같은 분위기에 휩싸인다. 나폴레옹은 산마르코 광장을 가리켜 '유럽에서 가장 아름다운 응접실'이라고 찬사했다고 한다.

광장에는 99m의 종루와 베네치아의 상징인 사자상이 서 있다. 광장 주변의 건축물들은 모두 베네치아의 과거와 현재를 함께해 온 역사적인 건물들이다. 광장 동쪽으로 성인 산마르코의 유골을 모신 산마르코 대성당과 현재 미술관으로 사용되는 두칼레궁전이 있다. 산마르코대성당에서는 몇 세기에 걸쳐 제작된 모자이크 벽화와 금박과 보석으로 장식된 화려한 '팔라도로'를 볼 수 있고, 두칼레궁전에는 틴토레토의 벽화 '천국'이 장식되어 그 아름다움을 더 하게 한다. 두칼레궁전 맞은편에는 건축가 산소비노가 설계한 16세기 건물 마르차나도서관은 베네치아에서 가장 중요한 도서관이다. 광장 남쪽으로 이어지는 프로쿠라티에 누오베 2~3층에는 코레르박물관이 있다. 두칼레궁전의 장식된 발코니를 비롯하여 연속된 주위 건축물들의 발코니는 광장의 품격을 높여 주고 있다. 발코니에 서서 대중들이 무리를 이루며 서성대는 모습을 내려다보면 살아있는 광장의 모습을 느낄 수 있을 것이다. 뿐만 아니라 1720년부터 영업하고 있는 카페 플로리안Caffè Florian은 전쟁 중에도 영업을 멈추지 않았다는 역사 깊은 장소로 유명하다. 괴테와 바이런 등 당대의 명사들이 즐겨 찾았으며, 토마스 만은 이 카페에서 '베니스에서의 죽음'을 구상했다고 한다. 여름철에는 광장에서 열리는 오케스트라 연주를 들으면서 차를 마실 수 있는 여유를 만끽할 수 있는 장소이다.

축제 행사 무대가 된 발코니

로마에 있는 바티칸 성베드로대성당의 정면 발코니는 '강복降福의 발코니'로 불린다. 발코니의 크기는 아담하지만 발코니에서 벌어지는 행사는 세계의 뉴스가 된다. 발코니는 콘클라베에서 새 교황이 선출되었음을 알리고, 새로 선출된 교황이 신자들에게 강복降福을 하는 장소이기도 하다. 교황이 기념일에 중요 메시지를 전달하는 장소로 쓰여 왔으며 지금도 부활절과 성탄절 같은 특별한 종교 행사 때나 신년 메시지를 선

바티칸 성당의 중앙에 설치된 발코니로 광장을 압도한다.

발코니에서 교황의 메시지 선포

미 연방 회의 연설 후 발코니에서 군중들을 향해 답례하는 모습(2015. 9)

포할 때 교황은 신자들이 밀집한 광장을 향해 이 발코니에 오른다. 역사적으로 어느 대통령 집무실의 발코니보다 위력이 있는 장소라고 할 만하다.

2013년 제266대 교황으로 선출된 호르헤 마리오 베르골리오 추기경은 역사상 처음으로 '프란치스코'라는 이름으로 교황의 자리에 오른다. 아르헨티나 철도 노동자의 가정에서 태어난 이 교황이 바티칸의 성베드로성당 발코니에서 광장을 메운 10만 명의 신자들에게 이탈리아어로 전한 첫마디는 "좋은 저녁입니다. 여러분의 환영에 감사합니다."였다.

아름다운 말이다. 위로가 되는 한마디이다. 지상에서 날마다 '좋은 저녁'을 맞이할 수 있기를 바라는 것은 교황뿐만이 아닐 것이다. 프란치스코 교황은 2015년 9월 미국 워싱턴 연방 의회에서 상하 양원 합동 연설을 통해 "국민의 마음속에 민주주의가 깊이 뿌리내려 있는 미국의 정치 역사를 생각해 본다."며 "모든 정치는 인류의 선을 증진하고 여기에 봉사해야 하며 개인의 존엄에 대한 존중에 기초해야 한다."고 강조했다. 교황은 이어 "모든 정치활동이 진정으로 인간을 섬겨야 하는 것이라면 정치는 경제나 금융의 노예가 될 수 없다."라고 하며 "정치는 정의와 평화, 공동선, 이익을 공유하기 위해 특정한 이해관계를 희생하는 공동체의 건설"이라고 강조 한 뒤 의회 발코니로 나와 군중들을 향해 손을 흔들어 환영 인파에 답례를 하였다.

대규모 집회나 정치적 행사를 위한 소통의 장소로 그 상징성과 효과를 나타내기에 더할 나위 없고 건축물들로 에워싼 광장의 크고 작음에 관계없이 발코니만큼 좋은 장소는 없을 것이다. 광장의 발코니는 군중들이 올려다보아야만 하는 존엄의 성격을 가진 위치가 되었음을 암시하고 있다. 발코니 연단에 서면 군중들을 아래로 내려다보면서, 자신이 표현하고자 하는 언어를 마음껏 그리고 자신 있게 소리지를 수 있는 강한 욕구가 치솟아 날 것이다. 위를 향해 설치된 연단은 종종 성당이나 교회 등 종교 건축물에서 볼 수 있다. 성당의 주교가 강독을 하는 강대상은 성도들이 앞좌석의 시야를 피하기 위해서 높이 설치되어있다. 신도들의 좌석 위에 중간 높이의 보조 강대상이 놓여 있기도 하며, 설교를 하는 강대상이 실내 공간 중 제일 높게 설치되어 있고 뒷벽의 더 높은 위치에는 성모 마리아상 또는 십자가상이 있다. 신도들은 높은 곳을 향하여 고개를 들어 예배를 드리도록 고대로부터 성당의 제단은 그

프랑크푸르트 뢰머 광장과 시청 발코니 ⓒ google picture

렇게 만들어져 왔다.

　발코니 앞 광장에 모인 군중들은 시선은 내려다보기 편리한 아래가 아닌 존엄한 그곳은 위를 올려다봐야 한다. 공연장이나 일반적인 무대는 공연자와 가까이서 직접 호흡을 느낄 수 있는 맨 앞 좌석 말고는 대부분 앞에 앉아 있는 관람객의 시선을 피하기 위해 고려되어 있고, 무대보다 위에 좌석이 놓여 있어 관중들의 시선이 무대를 내려다보게 설치되어 있다. 관중의 편리함을 배려한 건축이었다.

　독일 프랑크푸르트 중심에 있는 뢰머 광장은 독일 민주주의의 산실이라고 불린다. 독일 헌법을 만들기 위한 국민 회의가 열렸으며, 독일 평화상 시상식을 하는 곳인 뢰머 광장의 시청 건물은 8세기 때부터 왕들이 모여 황제를 선출하던 곳이었다. 광장에 면한 시청 건물의 왕관 모양의 발코니는 성공한 정치인, 문인 그리고 국빈 대우를 받는 귀빈들만 올라가 국민들로부터 환영을 받는 장소로 이용되었다. 새로운 황제가 선출되면, 황제는 성당에서 즉위식을 거행한 후 뢰머 광장으로 자리를 옮겨 이 발코니에 올라 군중들에게 감사 메시지를 전달하고 환호를 받았다. 오래전 필자가 프랑크푸르트를 업무차 찾아갔을 때가 있었는

엘리자베스 2세 여왕 부부가 버킹엄궁 발코니에서 군중들을 향해 손을 흔드는 모습(1953. 6. 2.) 엘리자베스 2세와 부군인 필립공이 같은 발코니에서 결혼 70주년 행사를 하는 모습(2017. 11. 20.)

데 독일에 거주하는 한국인 관광 안내자의 설명에 따르면, 김대중 대통령이 야당 정치인일 때 우리나라 사람으로는 처음으로 이 발코니에 올라서 연설했으며, 독일 축구 영웅으로 이름을 날린 차범근 선수도 이 발코니에 올라 광장에 운집한 펜들에게 환호를 받았다고 한다. 그만큼 이 발코니는 명예로운 장소로 기억되고 있다.

영국의 버킹검궁 발코니는 엘리자베스 2세 여왕이 결혼식 때 군중에게 손을 흔들어 감사의 표시를 한 곳이다. 신혼 초인 1953년에도 이 발코니에서 군중들을 향해 손을 흔들며 인사를 하였고, 그의 손자 윌리암 왕세자 부부가 이 발코니에서 군중들 앞에 나타나 인사를 하고 키스를 하기도 하였다. 2017년에 결혼 70주년을 맞이하여 엘리자베스 2세 여왕은 자손들과 함께 이 발코니에 나와 국민들에게 인사하였는데, 왕실에서 역사상 처음 맞는 결혼 70주년 행사였다.[45] 이처럼 발코니는 군중들과 소통하는 장소로 매우 중요하다.

---

[45] 서울신문, 2017. 11. 19.

김영삼 대통령과 빌 클린턴 대통령(1993년)이 백악관 발코니에서 환영 인파에게 손을 흔들어 인사를 하고 있다.46)

오바마 대통령 부부가 독립 236주년을 맞이하여 백악관 발코니에서 기념 연설을 하기 전에 손을 흔들어 인사를 하고 있다.47)

미국 백악관 전면 발코니도 미국 대통령들이 지지자들과 백악관 앞에 모인 군중에게 인사하기 위해 자주 나서는 곳이다. 미국을 방문한 외국 국가 원수가 백악관 앞에 모인 군중들과 우정을 나누기도 하고, 특별한 행사시에는 대통령도 이 발코니에 나와서 그 앞에 모인 군중들을 향해 간단한 연설 등을 한다.

정치적 소통의 장소서의 발코니

프랑스 베르사이유 궁전의 발코니는 성난 민중에게 용서를 구하고 사과를 하는 장소로도 쓰였다. 1682년에 파리에서 베르사유로 왕궁을 옮겼다. 이후 화려하게 지은 베르사이유 궁전에서는 수백 명의 귀족들이 모여 매일같이 호화로운 연회를 열었다. 왕과 귀족의 이러한 행태는 가난에 허덕이는 민중들의 분노를 샀고, 결국 1789년에 프랑스 혁명이 일

---

46) 공보처 자료, 1996.
47) Mail online, 2012.6.5.

베네치아 궁전 발코니에서 연설하는 무솔리니

오스트리아 비엔나 시청 발코니에서 시민에게 연설하는 히틀러(1935. 3)

어나는 불씨가 되었다. 민중들이 베르사이유 궁전으로 몰려오자 루이 16세와 왕비 마리 앙투아네트는 왕의 침실에 있는 발코니로 나와 군중들에게 고개를 숙이기도 했다.

이탈리아에 파시즘을 몰고 온 무솔리니는 로마 시내 중심부에 위치한 베네치아 궁전을 집무실로 사용했는데 이곳 2층의 발코니에서 제2차 세계 대전 참전을 선언하기도 했다. 제2차 세계 대전을 일으킨 히틀러도 광장에 위치한 발코니에서 나치의 위대함과 전쟁의 승리를 다짐하는 연설을 하였다.

독일의 건축가 슈페어Albert Speer(1905. 3. 19~1981. 9. 1)는 히틀러의 측근으로, 제3제국의 건축물들을 다수 설계하였다. 그의 경력에 화려함을 더한 작품이라면 1939년에 리모델링된 히틀러의 신 총통 관저 Neue Reichskanzlei 공사를 들 수 있다. 총독 관저는 실용적으로는 별 쓸모가 없던 건물이지만 적어도 겉모습으로는 사람을 주눅 들게 만드는, 나치의 정체성에 아주 잘 부합하는 건물이었다. 이때 알베르트 슈페어는 히틀러가 청중들에게 연설할 수 있도록 발코니를 만들었는데 이에 히틀러는 크게 만족시켰으며, 이것이 그가 나치당에서 승승장구하는 데 큰 영향을 미쳤다[48]고 한다.

발코니를 이용하여 군중 앞에서 연설하는 장면은 남아메리카 지역에서 많이 볼 수 있다. 브로드웨이 뮤지컬 '에비타'에서 "Don't cry for me Argentina. The truth is I never left you…(나를 위해 울지 말아요 아르헨티나. 나는 그대를 떠나지 않아요)"라는 가사의 노래를 들어본 적이 있을 것이다. 이 유명한 노래는 미국 브로드웨이의 거장 앤드류 로이드 웨버 Andrew Lloyd Webber가 작곡했다. 이 노래는 1978년 초연된 뮤지컬 '에비타'에서 여주인공 에비타가 불렀다. '에비타'의 실제 주인공이자 남미의

---

48) https://namu.wiki/w/ 알베르트 슈페어

카사 로사다 발코니에서 연설하는 에바 페론 연설(1945)

아르헨티나가 사랑했던 퍼스트레이디 에바 페론(1919~52)은 '발코니의 여인'으로 기억된다. 에비타가 영부인이 된 후 처음 연설을 한 곳도 바로 부에노스아이레스의 정부 청사 카사로사다의 발코니였기 때문이다.

에바 페론은 시골 빈민의 사생아로 태어나 온갖 역경을 다 겪은 후 국민의 사랑을 한몸에 받는 퍼스트레이디가 된 전설적인 인물이다. 선동가로서, 정치가로서, 봉사자로서, 아르헨티나 국민들로부터 '성녀'라 불리며 최고의 인기를 누렸지만 아르헨티나의 정치 상황처럼 너무나 극적이게도 30대 초반이라는 나이에 짧은 생애를 마감하고 말았다. 남편 후안 페론 대통령은 1945년 군부에 체포되었다가, 당일 밤 11시경 정부 청사 발코니에 다시 나타나 환호하는 30만 청중을 상대로 아르헨티나를 '강하고 정의로운 국가'로 만들겠다고 연설했다. 이날은 오늘날 아르헨티나에서 '로열티데이'로 기념되고 있다.[49] 또한 2015년 12월 신임 대통령 마리우시오 마끄리도 취임 선서 후 대통령 궁Casa Rosada의 발코니에서 연설하였다. 이 연설을 통해서 아르헨티나가 당면한 경제 문제와 부정부패 척결, 가난 제로 사회, 마약 근절 등을 위해 쉬지 않고 노력할 것이라고 말하며 아르헨티나 국민의 지지와 단결을 호소했다.

미국의 흑인 인권 운동가 마틴 루터 킹Martin Luther King Jr. 목사는 발코니에서 연설을 한 다음날에 사망하였다. 링컨 기념관 연단에서 'I bave a dream(나에게는 꿈이 있어요).'란 문구로 유명한 연설을 한 마틴 루터 킹 목사는 그가 암살당한 장소인 테네시주 멤피스의 로레인 모텔 Lorraine Motel(현재 민권 박물관으로 운영)에서 암살당하기 전날 저녁인 1968년 4월 3일에 이곳 발코니에서 지지자들을 향해 짤막한 연설을 하였는데 이것이 그의 마지막 연설이 되었다. 자신의 최후를 예감했는지 그는 이 연설에서 다음과 같이 말했다.

우리는 지금 인류 역사상 가장 어려운 문제를 반드시 풀어야 할 상황에 처해 있습니다.
우리 모두의 생존을 위해서는 그 문제를 반드시 풀어야만 합니다.

오늘 저녁 우리는 좀 더 단단한 각오로 굳세게 일어서도록 합시다.
좀 더 확고한 신념을 갖고 힘차게 전진하도록 합시다.
우리의 조국이 본연의 모습을 회복할 수 있도록
우리 모두 힘찬 행진을 시작하도록 합시다.

---

[49] 김재한, 중앙선데이, 2017.06.04.

우리에게는 조국을 좀 더 살기 좋은 나라로 만들 수 있는 절호의 기회가 주어져 있습니다.

앞으로 무슨 일이 일어날지 저는 전혀 알 수가 없습니다.
어쩌면 우리 앞에는 무섭고 어려운 날들이 기다리고 있을지도 모릅니다.
하지만 그것이 저에게는 아무런 문제도 되지 않습니다.
저는 높은 산꼭대기에 올라 '약속의 땅'을 보았기 때문입니다.

오래 오래 행복하게 사는 것이 모든 사람의 염원일 것입니다.
하지만 저에게는 그런 염원이 없습니다.
저는 오로지 하나님의 뜻을 따르고자 할 뿐입니다.
하나님은 저를 높은 산꼭대기로 데려가셨습니다.
거기서 저는 굽어보았습니다.
'약속의 땅'이 제 눈앞에 펼쳐져 있었습니다.
제가 여러분과 함께 그 땅에 들어가지 못할지도 모릅니다.
하지만 여러분은 오늘 저녁 분명히 알아 두셔야 합니다.
여러분 모두가 하나님의 백성으로서
저 '약속의 땅'에 들어가게 될 날이 반드시 오고야 말리라는 것을.

오늘 저녁 저는 대단히 행복합니다.
저에게는 아무런 걱정도 없습니다.
저는 그 누구도 두려워하지 않습니다.
저의 눈은 오로지 다시 이 땅을 찾아오시는 주님의 영광을 바라볼 따름입니다.

이러한 연설을 하고 다음날 1968년 4월 4일에 과격파 백인 단체의 일원인 제임스 얼 레이에게 암살당했다. 그의 죽음에 수많은 사람들이 슬

퍼했고 미국 전역에서 킹 목사의 죽음에 분노한 흑인들의 폭동이 일어나 도시 중심부에서 방화와 건물과 차량 파괴, 약탈 등 폭력 시위가 벌어졌다. 흑인 폭동은 흑인 지도자들의 자제 요청과 수천 명의 군인, 경찰이 출동하면서 잦아들었다.

발코니에서의 연설이 꼭 성공적인 것만은 아니다. 루마니아의 독재자 차우셰스쿠는 군중을 설득하려다 오히려 비극적인 최후를 맞았다. 그의 운명이 송두리째 바뀐 곳이 바로 발코니였다. 1965년 이래 루마니아를 통치해 온 차우셰스쿠는 1989년 12월 17일 루마니아의 티미쇼아라 시에서 자신의 통치를 반대하는 폭동이 터지자 자신이 그 쓰나미를 견딜 수 있다고 믿었다. 차우셰스쿠는 민중의 대다수가 여전히 그를 사랑한다는 사실, 아니 적어도 그를 두려워한다는 사실을 보여 주기 위해 부쿠레슈티 시에서 대규모 집회를 열기로 했다. 6일 전 지방에서 시작된, 종교 탄압에 항의하는 시위가 반정부 폭동으로 커져 수도 부카레스트로 확산되자 그는 사무실 용도의 건물로는 세계 제2위의 연면적을 가진 거대한 인민궁전 앞 광장에서 관제 데모를 열기로 한 것이다.

삐걱거리는 당 기구가 그 도시의 중앙 광장을 채우기 위해 8만 명을 동원했고, 루마니아 전역의 시민들에게 하던 일을 멈추고 라디오와 텔레비전에 귀를 기울이라고 지시했다. 그런데 갑자기 집회가 취소되었으니 공장으로 돌아가라는 지시가 떨어졌다. 시위대가 해산하고 난 후 이번에는 정오까지 다시 집합하라는 명령이 내려왔다. 열성분자들은 거의 다 퇴근해 버린 공장들에서는 당성黨性이 약한 노동자들을 뽑아 보낼 수밖에 없었다. 12시 30분 차우셰스쿠가 인민궁전 발코니에 나와 연

10만 관중에게 연설하는 차우셰스쿠   연설 중 도주하는 차우셰스쿠

설을 하기 시작했다. "부쿠레슈티에서 열린 이 위대한 행사를 기획하고 조직한 분들께 감사를 표합니다. 이 행사는…" 여기까지 말한 다음 그는 입을 다물었다. 그의 눈동자는 커지고, 믿기지 않는 듯 얼굴이 굳어졌다. 그는 그 문장을 끝내 마무리하지 못했다. 그 짧은 순간 하나의 세계가 어떻게 무너지는지 유튜브 동영상은 보여 준다. 군중 가운데 누군가가 야유를 보냈다. 겁 없이 야유를 보낸 최초의 인물이 누구인지 지금도 논쟁이 계속되고 있다. 그러자 또 한 사람이 야유를 보냈고, 다시 또 한 사람, 이어서 또 한 사람이 야유를 보냈다. 삽시간에 대중은 휘파람을 불고, 욕설을 퍼붓고, "티미쇼아라! 티미쇼아라!"를 연호하기 시작했다. 관제 집회장에 모여 있던 군중들도 웅성대더니 야유에 가담했다. 이 모든 장면이 텔레비전으로 생방송되었다. 촬영 기사가 카메라를 하늘로 돌린 탓에 시청자들은 발코니에 선 당 지도자들의 당황한

모습을 볼 수 없었지만 음향 기사는 계속 녹음을 했고 기술자들은 영상을 계속 송출했다. 루마니아 전체가 군중들의 야유를 듣는 동안, 차우셰스쿠는 마이크에 문제가 생기기라도 한 것처럼 "아! 아! 아아!"라고 외쳤다. 그의 아내 엘레나가 군중을 향해 "조용히 하세요! 조용히!"라고 꾸짖기 시작하자, 차우셰스쿠는 여전히 생중계되고 있는 가운데 그녀를 돌아보고 소리쳤다. "당신이나 조용히 해!" 그런 다음 광장의 흥분한 군중에게 호소했다. "동지 여러분! 조용히 하세요! 동지 여러분!" 하지만 동지들은 조용히 할 생각이 없었다.[50] 연설은 중단되고 관제 시위를 하러 왔던 군중은 진짜 시위대로 변해 버렸다.

다음날 오전 11시 30분, 부카레스트 라디오 방송은 '반역자' 밀리아 장군이 자살했으며 비상사태가 선포되었다고 발표했다. 밀리아 장군은 국방장관이었는데, 시위대에 대한 발포를 거부했다고 하여 차우셰스쿠가 자살을 시킨 것이란 소문이 돌았다. 시위대는 인민궁전으로 몰려갔다. 차우셰스쿠는 다시 발코니에 나타나 연설을 하려고 했으나 시위대가 건물 안으로 들어가면서 물건을 던지자 황급히 사라졌다가 결국 시위대에 붙잡혀 최후를 맞이하였다. 차우셰스쿠가 운명적인 연설을 했던 그 발코니에 서면, 눈 아래로는 파리 개선문에서 내려다보이는 샹제리제 거리처럼 일직선으로 4km쯤 뻗은 대로大路와 말라버린 분수가 독재자의 기념물임을 증언하고 있는 듯한 모습으로 다가온다.[51]

---

[50] 유발하라리 지음, 김명주 옮김, "호모데우스", 김영사, 2017, p.191~192.
[51] '차우셰스쿠의 최후', 조갑제닷컴, 2018.

발코니에서 선거 승리 연설을 하는 차베스 대통령

카다피의 대통령궁 발코니에서 연설

　발코니를 이용하여 자신의 정치적 소신을 발표한 사례는 많다. 정치 불안으로 경제적으로 어려움을 겪고 있는 베네수엘라에서 야당과 경합을 벌였던 우고 차베스 대통령은 대선에서 재선에 성공한(2006년 12월) 뒤 대통령궁 발코니에서[52] 지지자들을 향해 연설을 하였다.

　무아마르 카다피 전 리비아 전 국가 원수는 반군과 전투에서 위기에 몰리자 국영 텔레비전 방송으로 생중계된 바브 알-아지지야 관저 발코니에서의 연설(2011년 3월)을 통해 "우리는 전투에서 승리할 것"이라고 목소리를 높였다.[53] 절박함이 묻어나는 위기의 상황을 발코니란 장소를 이용하여 발코니 아래에 모인 많은 지지자들에게 연설을 하였다.

　인터넷 폭로 저널리즘의 대부인 위키리크스의 설립자 줄리안 어산지도 발코니가 자신의 입장을 표명하는 데 적합하다고 판단했을 것이다. 자신의 망명을 허용해 준 에콰도르에 감사를 표하는 장소로 발코니를 선택하였다. 어산지는 2012년 8월 19일 영국 런던의 에콰도르 대사관

---

52) 한겨레 신문, 2006.12.4. 기사 & 사진
53) 프레시안 신문, 2011.3.23. 기사 & 사진

줄리안 어산지의 런던 에콰도르 대사관 발코니에서 감사 표시 발표
NLD 당사 발코니에서 연설하는 아웅산 수치 여사

발코니에 서서 지지자들에게 고맙다는 인사와 함께 "진실과 정의를 위한 투쟁을 계속 하겠다."라고 밝혔다. 망명 통로로 찾은 에콰도르 대사관도, 대중 앞에 서면서 선택한 발코니도 모두 '남미' 콘셉트이다. 그는 발코니에서 "미국은 위키리크스에 대한 마녀사냥을 중단해야 한다."고 강조했다. 그는 성범죄 혐의로 스웨덴에 송환될 위기에 처하자 에콰도르에 망명을 신청했다.[54]

아웅산 수치 여사는 2015년 미얀마 총선에 출마하여 NLD(민주주의민족동맹) 당사 발코니에서 평화적인 권력 이양 방침을 공식 천명하고 나서 53년에 걸친 군부 독재도 종지부를 찍었다.[55] 그러나 최근에는 '로힝야' 족의 처리 문제로 국제 사회로부터 곱지 않은 시선을 받고 있다.

54) 조인스, 2012.8.24. 기사 & 사진
55) 연합뉴스, 2015.11.9. 기사 & 사진

최근에는 터키의 한 주지사가 발코니에서 연설 도중 은퇴를 발표하였다. 2018년 3월에 터키 정부가 임명한 키르셰히르Kirsehir 주 주지사인 네카티 센투르크Necati Senturk는 터키군이 시리아 아프린 지역을 장악한 가운데 터키군이 곧 모술Mosul과 예루살렘에 진격할 것이라고 주지사 사무실 발코니에서 연설했다. 센투르크는 터키 뉴스 사이트에 게재될 영상에서 시리아의 또 다른 쿠르드족 점령 지역을 언급하며, "우리는 아프린을 차지할 것이다. 우리는 만비지를 차지할 것이다."라고 말했다. 한손에 '줄피카zulfiqar'로 알려진 칼을 자신의 머리 위로 흔들고 다른 한 손에는 메가폰을 든 채, 그는 "우리는 모술로 진격할 것이다. 우리는 예루살렘으로 진격할 것이다. 알라는 위대하다."라고 강조했다. 지난 3년 반 동안 키르셰히르 주지사였던 센투르크는 자신이 부끄럽지 않다고 말하며 "결국 모든 좋은 일에는 끝이 있다. 사람은 정상에 있을 때, 어떻게 내려와야 하는지도 알아야 한다."라고 발코니에서 얘기했다.[56]

---

[56] AFP BBNews, 2018.3.23.

3장 대중과 함께하는 발코니

3
조망을 위한 발코니

도심 공간의 발코니

  주거용 건축물에서는 생활 보조 공간인 서비스 야드service yard의 기능이 우선적이겠지만, 건물의 미관과 재해 시 피난을 위해서 발코니도 필요했을 것이다. 관공서나 사무용 건물에 부착된 발코니는 창문과 같이 부착되어 창호 개폐 시 안전을 확보하는 기능과 건물의 모양을 멋지게 하는 기능을 동시에 만족시켜 주었다. 또한 답답한 실내의 분위기에서 벗어나 탁 트인 외부 공간에 나와 바깥 경치를 바라보며 잠시 휴식을 취하는 공간으로서 유용하게 사용되고 있다. 유럽의 많은 근대 건축물 창문 주변에는 주철을 사용한 고풍스런 발코니 장식 난간을 설치하여 건물의 외관을 아름답게 꾸며 놓은 모습을 볼 수 있다.

  베로나는 기원전 1세기부터 형성된 역사 깊은 도시로, 교통의 요지이면서 이탈리아에서 가장 부유한 도시이기도 하다. 이곳에는 고대 로마의 원형 경기장이 있고, 중세 사원과 교회 사적들도 많다. 하지만 근처의 유명 관광지인 베네치아나 친퀘테레 때문에 조금은 소외됐던 도시이다. 베로나를 세계적으로 더욱 유명하게 만든 것은 전 세계 사람들이

스토리가
있는
발코니

베로나 에네르 광장을 둘러싼 발코니

사랑하는 한 편의 희곡이다. 16세기 이탈리아의 지라 모텔 코르테가 실화를 바탕으로 '베로나의 전설'이라는 소설을 발표했는데, 이것을 1594년 윌리엄 셰익스피어가 희곡으로 다시 썼다. 희곡 '로미오와 줄리엣'은 이후 연극, 오페라, 영화 등으로도 만들어져 오늘날까지도 계속 많은 사랑을 받고 있다.

마드리드의 마요르 광장은 관광객들과 지역 주민들이 다 같이 즐겨 찾는 바, 카페, 상점들이 들어선 분주한 광장이다. 매주 주말이면 이 광장에서는 야외 골동품 시장이 열리며, 이곳은 매년 마드리드 시의 수호 성인 성 이시드로 축제가 열리는 곳이기도 하다. 한때는 시장터였던 마요르 광장은 16세기에 바로크 양식의 광장으로 탈바꿈했고, 가로 90m에 세로 109m의 넓이로 유럽에서 가장 큰 광장 중 하나이다.[57] 이 네모난 광장 주변을 에워싼 건축물에는 밖을 내다볼 수 있도록 창가에 발코니 난간이 설치되어 있다. 발코니는 공간이 좁아 밖으로 나와 올라설 수는 없지만 창문을 열면 광장의 행사 등을 내려다 볼 수 있다.

프랑스 파리 오페라극장은 정면에 2층 발코니가 있다. 이 극장은 프랑스 유명 건축가 샤를 가르니에Charles Garnier(1825~1898)가 설계한 건물로 신바로크 양식으로 화려하게 지어졌다. 1875년 개장한 이래 수많은 오페라와 발레가 공연되었다. 현재 극장 일부는 오페라 도서 박물관의 전시 공간으로도 쓰이고 있다. 건물은 입체적인 효과와 우아한 자태를

---

[57] 리처드 카벤디쉬·코이치로 마츠무라 지음, 김희진 옮김, "죽기 전에 꼭 봐야 할 세계 역사 유적 1001", 마로니에북스, 2009.

마드리드 마요 광장의 발코니(2017)　　　파리 국립 오페라 극장 발코니

나타내고 있으며 발코니에서 극장 앞 광장을 내려다 볼 수 있다. 발코니에 서면 발아래 차량이 오가면서 만들어 내는 광장의 활동적인 모습과 조화로운 주변의 건물들이 광장을 지배하고 있다는 느낌을 가지게 된다.

도시를 조망하는 발코니

  소박한 산골 마을에 사는 사람들은 인근의 산에 오르면 자기 마을과 거기에 있는 자기 집, 그리고 생활 터전을 볼 수 있다. 평야 지대에 사는 사람들은 멀리 있는 언덕에 가서 자기가 사는 마을을 원경으로 나마 볼 수 있을 것이다. 도시에 사는 사람들은 자신들이 살아가는 모습을 높은 곳에서 전체적으로 조망하고 싶은 욕망으로 높이 솟은 타워를 좋아한다. 외지인들도 타워에 올라 여러 형태로 솟아 있는 건물들과 역동적으로 움직이는 도시 풍경에 감탄하곤 한다. 세계의 내놓으라 하는 대도시는 매력적인 도시 풍광을 바라볼 수 있도록 타워를 높이 세우고 그곳에 전망대를 설치하여 스트레스로 휴식이 필요한 사람들과 여행객을 유혹하고 있다. 그곳에는 자기가 살고 있는 도시의 모습과 남들의 모습을 바라다보고 싶어 하는 인간 내면의 순수함이 담겨져 있다.

▶ 에펠탑과 전망 발코니

파리에는 구스타프 에펠Alexandre Gustave Eiffel이 건설한 에펠탑이 있다. 1889년 프랑스 혁명 100주년을 기념해 개최된 파리 만국 박람회 때 세워진 탑이다. 높이 301m는 당시로서는 세계 최고였다. 1886년 5월 프랑스 정부는 1889년 만국 박람회의 볼거리로 300미터 철탑 설계안을 공모했다. 16일밖에 안 되는 짧은 공모 기간이었지만, 놀랍게도 백 개가 넘는 설계안이 접수되었다. 6월 12일 심사위원장 에두아르 로크루아는 만장일치로 에펠탑을 선택했다고 발표했다. 에펠에게는 한 가지 문제가 있었다. 에펠이 계산한 예산은 650만 프랑이었는데(실제로는 약 800만 프랑이 들었다), 조직 위원회가 지원할 수 있는 공사비는 150만 프랑밖에 안 되었던 것이다. 이때 에펠의 모험 정신이 발휘되었다. 그는 공사비를 스스로 부담하기로 하고, 향후 20년 동안 입장료나 임대료 등 탑을 이용한 모든 수익금은 자신의 회사에 귀속되는 것으로 계약을 했다. 10월까지 7개월 동안 계속된 박람회는 놀라운 성공을 거두었다. 참가 인원은 총 3,200만 명이었고, 800만 프랑의 이익금을 거두었다. 에펠탑을 방

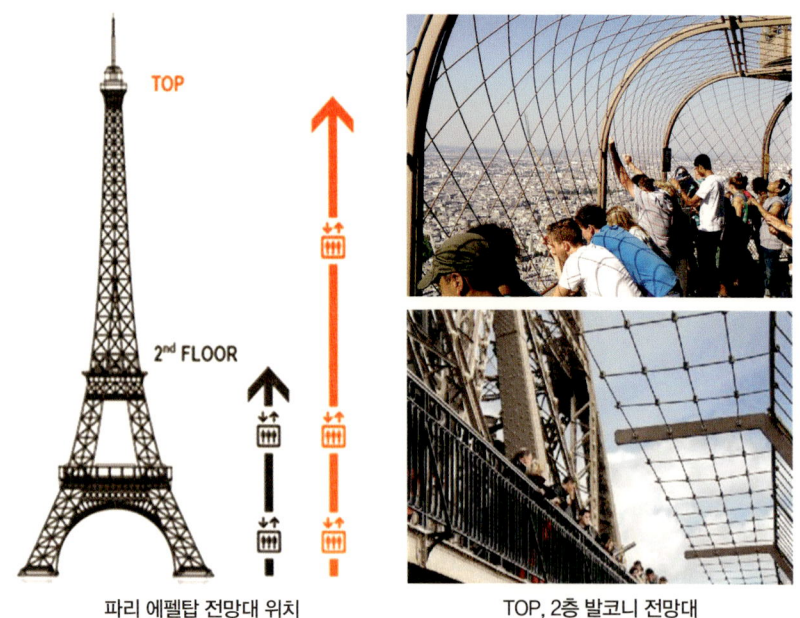

파리 에펠탑 전망대 위치   TOP, 2층 발코니 전망대

문한 인원수만 해도 하루에 1만2천 명에 가까웠다. 수익금은 650만 프랑에 육박하여 그것으로 에펠은 자신이 부담한 모든 비용을 충당할 수 있었다.[58] 전망 발코니의 위력을 에펠은 이미 알고 있었을까? 에펠의 상상력과 심사 위원들의 미래를 보는 눈은 위대하다고 평가할 수밖에 없다.

에펠탑의 건립은 건축사적으로도 획기적인 사건이었을 뿐만 아니라 도시 건축 계획에 끼친 영향도 크다. 멀리서 에펠탑을 바라보는 것도 좋지만 전망대에 올라 내려다보는 파리의 경관도 특별하다. 전망대는 세

---

[58] 알렉산더 구스타브 에펠(Alexandre Gustave Eiffel) - 에펠탑을 건립한 건축가(인물세계사) [네이버 지식백과]

군데 있으며, 다리 4개의 동쪽 코너와 서쪽 코너에서 들어갈 수 있다. 지상 57m의 제1전망대, 115m의 제2전망대까지 엘리베이터로 올라간 다음 거기서 엘리베이터를 갈아타고 274m의 제3전망대까지 올라간다. 제3전망대는 관람자의 안전을 위하여 철망으로 장식되어 있다. 제3전망대에 올라가 하늘 높이 설치된 데크에 서면 파리의 바람을 피부로 직접 느낄 수 있다. 고소 공포증이 있는 사람이라면 약간 힘들겠지만, 여기에서 360도로 펼쳐지는 파리 시가지의 파노라마는 이루 말할 수 없을 정도로 고풍스럽고 정연하게 가로가 뻗어있는 파리의 전경을 고스란히 볼 수 있다. 남동쪽으로는 샹 드 마르스 공원 너머로 앵발리드의 돔과 몽파르나스 타워를, 북쪽으로는 센강을 내려다보며 오페라 극장과 사크레 쾨르 성당을 멀리 바라볼 수 있다. 특히 초저녁 무렵의 불이 켜진 넓은 파리의 전망과 야경은 더할 나위 없이 멋지다.

▶ 엠파이어 스테이트 빌딩의 발코니형 전망대

40년 이상 세계에서 가장 높은 건물의 자리를 지켜 왔던 엠파이어 스테이트 빌딩은 미국의 국보이다. 슈리브, 램 앤드 하먼이라는 건축 회사가 설계를 맡았는데, 설계도는 단 2주 만에 완성되었다.

엠파이어 스테이트 빌딩은 1929년에 공사를 시작하여 2년 뒤인 1931년에 공사를 마치며 약 1년 동안 세계 최고층 건축물 자리를 지킨 크라이슬러 빌딩을 누르며 오랫동안 세계 최고층 마천루 자리를 지켰다. 1973년에 세계 무역 센터 쌍둥이 빌딩이 세워지면서 뉴욕 시에서 세 번째로 높은 마천루가 되었으나 쌍둥이 빌딩이 9·11 테러로 붕괴되면서 뉴욕 시에서

엠파이어 스테이트빌딩 전망대　　　　　전망 발코니

가장 높은 빌딩이라는 타이틀을 되찾았다. 건물이 개관한 1931년 5월 1일은 대공황 시기와 맞물려 있었기 때문에 건물 내의 사무 공간 대부분은 임대되지 못하고 텅 빈 상태였다. 건물에 '엠프티 스테이트 빌딩'이라는 별명이 붙을 지경이었다.

　86층의 외부 발코니 스타일로 만들어진 전망대는 개관 즉시 사람들이 몰려들어 임대료보다 더욱 많은 수익을 올려 막대한 건설 비용을 감당하는 데 큰 도움이 되었다. 원래의 계획은 시선을 끄는 우아한 아르데코 형식의 첨탑을 비행선 계류탑으로 삼고, 꼭대기 층에 착륙한 승객들이 엘리베이터를 타고 86층까지 내려와 체크인 하도록 할 예정이었다. 그러나 이러한 계획은 실행 불가능한 것으로 판명되었고, 첨탑은 뉴욕에 있는 대부분의 텔레비전과 라디오 방송국이 사용하는 방송 안테나 구실을 하게 되었다. 현재 뉴욕을 방문하는 많은 사람들은 86층 전망대에 올라가 건물을 둘러싸고 만들어진, 뉴욕 시내를 한눈에 조망을 할 수 있는 발코니에 나가 뉴욕 시내의 전경을 즐긴다.

▶ 런던의 더 샤드 빌딩과 테라스형 전망대

더 샤드The Shard는 런던에 위치한 높이 244m, 72층(기계실 포함 78층)의 고층 건물이다. 렌조 피아노(이태리 출신 건축가)의 대표 작품으로 자연과 주변 환경과의 조화를 가장 중요시하였다고 하며 2013년 2월 1일에 공식 개장하였다. 영국을 포함하여 유럽 연합에서 가장 높은 건축물이다.

더 샤드의 72층 옥상 전망대는 코어를 중심으로 에워싸여 넓은 테라스처럼 옥외에 노출되어 있으며 투명한 유리로 난간을 만들었다. 전망대에 올라서면 공원과 건축물과 도로들이 조화를 이룬 런던의 풍경을 한눈에 내려다볼 수 있고, 또한 런던의 신선한 공기를 느낄 수 있어 좋다.

런던 샤드 빌딩

72층 지붕 전망대

▶ 싱가포르 마리나 베이 샌즈

싱가포르의 랜드마크인 마리나 베이 샌즈Marina Bay Sands 건물은 혁신적인 발상에서 나온 독특한 설계로 세계적인 명소가 되었다. 200m 높이에 설치되어 전망이 좋은 기다랗고 넓은 수영장과 그 옆 넓은 데크에서 아름다운 싱가포의 풍경을 즐기기에 더할 나위 없이 좋다. 뱃머리 모양의 전망대는 테라스 형식이지만 투명한 안전 유리로 만든 난간은 높은 곳에 우뚝 서 아래에 펼쳐지는 풍광을 시원하게 즐길 수 있게 해준다. 바다를 향한 남쪽으로는 환상적인 조경 공원을 볼 수 있으며 반대편에 서면 고층 건물이 즐비한 싱가포르의 시내를 조망할 수 있다.

마리나베이 샌즈 전경과 옥상 전망 테라스

▶ 63 빌딩과 롯데타워 123

우리나라 63 빌딩과 롯데타워 123에 위치한 전망대는 실내에 있다. 높은 곳에서 아래 전경을 내려다보는 목적은 동일하나, 안전과 관리를 위해 건축물 내부에 있는 실내 공간으로 만들어져 외부에 직접 접하여 느끼지 못하여 사뭇 아쉽다. 지상에서 우뚝 솟은 555m의 롯데타워

123의 옥상 테라스에서 바깥 공기를 마시며 서울하늘 아래를 보는 욕망이 생긴다.

▶ 서울 세운옥상

　세운상가 개발 계획의 하나로, 종로 3가에 면한 세운옥상이 2017년 완성되어 시민들에게 주야로 무료 개방되고 있다. 세운상가 건립은 산업화가 한창이던 1966년에 박정희 전 대통령의 지시에 따라 개발 계획을 세우면서 시작됐다. 같은 해 기공식에 참석한 고 김현옥 시장은 '세상世上의 기운氣運이 이곳에 모이라'는 뜻으로 이름을 '세운世運상가'로 결정했다고 말하였다. 세운상가의 설계는 건축가 고 김수근씨가 맡았다. 건설엔 현대·대림·삼풍·풍전·신성·진양 등 6개 기업체가 참여했다. 그래서 각동의 이름도 건설사 상호를 따서 붙였다. 세운상가에 설치된 엘리베이터는 당시로선 보기 드문 시설이어서 "과연 첨단 건물답다."라는 반응이 나오기도 했다. 이렇게 건립한 세운상가는 고도 성장기 한국 전기·전자 기술의 메카가 됐다. 주상 복합 건물로 초기에는 서울의 부유층이 입주하여 거주하였고 1970년대에는 가전제품, 1980년대에는 PC 산업 발전으로 전성기를 구가했다. 하지만 세운상가는 1987년 용산 전자 상가가 들어서면서 입주 업체가 대거 이동, 슬럼화가 진행되었으며 도심의 흉물처럼 취급받기도 하였다. 지난 2006년 새로운 시장이 취임하면서 이 일대를 철거하고 공원을 조성하는 프로젝트를 추진하여 역사 속으로 사라질 위기에 처했다. 2006년에 이르러 세운 녹지축 개발 사업이 수립되었는데, 이에 따르면 종로·중구 세운상가 일대 43만8585m²를

세운상가와 세운전망 통로/3층 발코니에서 본 종묘로 가는 경관

옥상 전망대와 9층 발코니 전망대/ 9층 발코니에서 본 경관 ⓒ 최권종

세운 재정비 촉진 지구로 지정하여 2015년까지 종로에서 퇴계로 사이에 길게 늘어선 세운상가 등 8개 상가 건물을 헐고 그 자리에 1km 길이 초록 띠 공원을 만든 뒤 주변에 최고 122m(36층) 높이의 업무·도심 활성화 시설들을 짓겠다는 내용이었다. 그러나 글로벌 금융 위기의 여파로 2012년에 결국 백지화되었다. 이후 2014년 서울시가 도시 재생의 일환으로 세운상가를 철거하지 않고 리모델링하는 '다시·세운 프로젝트'를 시행하여 2017년 9월 18일 1단계 사업을 마무리하고 재개장하였다.

1단계 사업을 거쳐 2005년 청계천을 복원하면서 철거되었던 세운상가~대림상가 간의 3층 높이 공중 보행교가 58m 길이의 '다시세운보행교'라는 이름으로 새로 개통되었고, 세운상가~대림상가의 양 측면에는 각각 500m 길이에 3층 높이의 보행 데크가 설치되었다. 보행 데크에는 스타트업 창작·개발 공간인 '세운 메이커스 큐브'가 조성되어 20여 개 업체가 입주하였으며, 세운상가 9층 옥상에는 남산과 종묘 등 도심을 한눈에 조망할 수 있는 전망대 겸 쉼터 '서울옥상'이 조성되었다. 또한 옛 '세운초록띠공원'은 다양한 행사를 개최할 수 있는 복합 문화 공간인 '다시세운광장'으로 전면 개편되었으며, 광장 지하에는 다목적 홀과 세운문화재전시관이 조성되었다. 세운문화재전시관에는 공사 중 발견된 조선 시대 한성부 중부관아 터와 유적이 발견된 상태 그대로 보존되어 있다. 추가로 2단계 사업은 2018년에 착공하여 2020년에 준공할 예정이며, 이는 종묘에서 세운상가 건물군을 지나 남산공원까지 지상과 공중 보행 길로 연결함으로써 서울 역사 도심歷史都心의 남북 보행 축을 완성하게 될 예정이다.

엘리베이터를 타고 올라 9층 전망 통로를 따라 가면 입구 기록 현판에 "… 옥상이 매력적인 까닭은 시시각각 변하는 하늘과 흐르는 시간에 따라 변하는 도시와 사람들의 표정으로 채워지는 '비워 둔 채움'이다. 옥상은 그래서 최대한 '비워진 공간'이어야 한다. 비워진 공간은 네 종류의 전망대, 너른 마당, 연주 공간, 머무름 공간으로 구성되었다. …(중략)… 세운옥상이 서울의 하늘 공간으로 모두 열린다."라고 기록되어 있다. 세운옥상에서 바라다 보이는 서울 도심의 경관은, 북측 정면 종묘 공원을 넘어 푸른 숲의 북악산까지 탁 트여 북적대던 도시 생활에서 답답했던 시야를 시원하게 열어 준다. 서측과 동측의 도심 경관은 국제 도시 서울의 발전상을 느끼게 해 준다. 남측을 바라보면 남산 줄기를 볼 수 있어 좋다.

자연을 향한 발코니

도시 건물의 발코니는 건물 주변의 한정된 경관을 볼 수 있거나 인공적인 건조물이 조밀하게 모여 있는 모습을 볼 수밖에 없지만, 자연 속에 지어진 건물의 발코니에서는 생동하는 자연과 함께 숨쉬고 심신의 안정을 찾을 수 있다. 서양식은 아니지만 우리의 누각 건축이 그러하고, 유럽의 수도원도 세상과 단절되고 폐쇄적이지만 발코니를 설치하여 바깥세상을 세상을 조망하였다.

▶ **부석사 안양문**

한국 건축의 단아한 모습은 배흘림, 우주隅柱의 귀솟음, 안쏠림 기법에서 드러난다. 기둥에 배흘림을 두는 것은 원통형 기둥일 때 기둥의

부석사 안양문 정면과 측면

중앙부가 들어가 보이는 착시 현상을 없애기 위한 것이며, 우주의 귀솟음과 안쏠림은 우주가 밖으로 기울어 보이는 착시 현상을 교정하기 위한 것이다. 또 우주에서 중앙으로 들어오면서 창방, 평방의 수평 부재들이 중앙부가 처져 보이게 하여, 현수선으로 이루어진 처마선, 용마루 선과 조화시키려 한 것으로, 결과적으로는 건축을 단아하게 보이도록 해 준다.59) 부석사浮石寺 무량수전은 이러한 특징이 녹아 있는 대표적인 옛 건축물이다. 부석사 무량수전을 찾아가려면 지형이 가파른 경사를 따라 올라가야 한다. 계단을 오르기 전 안양문 상단 현판에는 부석사浮石寺란 현판이 보이고 계단을 다 오르면 그 아래 통로 입구에 이승만 전 대통령이 썼다는 '안양문安養門' 현판이 보인다. 건물 아래 통로를 지나 몇 계단을 오르면 전면에 무량수전 마당이 나온다.

안양문은 부석사의 주요 전각인 무량수전無量壽殿(국보 제18호) 맞은 편에 있는 누각으로, 2단으로 쌓은 높은 석축 위에 세워진 정면 3칸·측

---

59) 주남철, "한국건축사", 고려대학교 출판부, 2006.

면 2칸 규모의 겹처마 팔작지붕 건물이다. 누 밑을 통과하여 무량수전으로 들어서게 되어 있어 일종의 누문樓門 역할도 하는데 전면에서 보면 2층 누각이지만, 무량수전 쪽에서 보면 단층 전각처럼 보인다.

 2층 누각에 올라 아래를 내려다보면 부석사 경내의 전각들이 한눈에 들어오고 멀리 소백산맥의 연봉들이 펼쳐져 있어 경관이 뛰어나다. 예로부터 조선 후기의 방랑 시인인 김삿갓 김병연金炳淵(1807~1863)을 비롯한 많은 문인들이 안양루에서 바라보는 경치를 노래하는 시문詩文을 남겼는데 누각 내부에는 많은 시문 현판들이 걸려 있다.[60] 안양루 내부 마루로 들어가면 아래에 펼쳐진 풍광이 걸어 올라올 때 쌓인 피로를 씻어 준다. 탁 트인 태백산 자락의 조망을 감상하고 뒤로 돌아 무량수전 주변을 여유롭게 관조할 수 있다. 도회적으로 해석하면 바로 고층 건물 발코니에 우뚝 서 있는 느낌을 준다. 바로 발코니와 거기에 서 있을 때 경계를 만들어 주고 안전을 유지하기 위한 목조 장식의 난간이 조화롭게 연출된 모습으로 해석 된다.

 안양루에서 아래를 내려다보면 엎드려 모여 있는 경내 여러 건물들의 지붕과 멀리 펼쳐진 소백의 연봉들이 한눈에 들어온다. 아스라이 보이는 소백산맥의 산과 들이 마치 정원이라도 되듯 외부 공간은 확장되어 다가온다. 부석사 전체에서 가장 뛰어난 경관이다. 그래서 예부터 많은 문인들이 안양루에서 바라보는 소백의 장관을 시문으로 남겼고 그 현판들이 누각 내부에 걸려 있다.

---

[60] 부석사 안양루[浮石寺安養樓](두산백과)[네이버 지식백과]

병산서원 만대루

우리나라 조선 시대 누각 건축은 보통 기둥을 중심으로 처마가 뻗어 있고 외부에 마루가 깔려 있으며 장식 난간이 설치되어 고유의 건축미를 자아내고 있다. 사학을 교육하는 서원은 유생들의 휴식을 위한 공간으로 조망을 중요하게 여겨 경사지에 위치시켰다. 군사적 목적으로 사용되는 누각도 전망이 좋은 곳에 위치시켜 주변 감시가 가능하게 하였다. 누각이 들어선 곳은 주변 환경도 수려하고 누각 내부에서도 수려한 주변 풍관을 잘 조망하도록 하였다.

경북 안동시 풍천면 병산리에 있는 병산서원屛山書院은 서애 류성룡(1542~1607)과 그의 셋째 아들 수암 류진을 모신 서원으로, 하회마을과는 화산을 두고 양쪽으로 나뉘어 있다. 병산서원은 우리나라 서원 설립의 초창기인 16세기 초반도 아니고 급증기인 18세기 이후도 아닌 사원이 사설 교육 제도로 자리 잡은 17세기 초반에 지어져 배치나 구성에서 넘치거나 모자람이 없고 빼어난 주변 환경과 조화를 이루어 우리나라 '서원 건축의 백미'라 일컬어진다.

우리나라 목조 건축물의 아름다움을 이야기할 때 결코 빠뜨릴 수 없는 건물이 병산서원이다. 건축물에는 카랑카랑했던 옛 선비의 기품이 그대로 배어 있는 듯하다. 병산서원이 이 같은 명성을 얻은 이유는 바로 만대루晩對樓가 있기 때문이다. 기둥을 받치는 주춧돌도 정질 한 번 주지 않은 생긴 모양 그대로이다. 본래 그곳에 있던 돌 같은 느낌을 준다. 주춧돌로 쓰기에는 황당하리만큼 큰 돌을 두기도 하고, 기둥을 일부러 주춧돌의 한 쪽 귀퉁이에 세우기도 했다. 기둥과 주춧돌 사이

병산서원 만대루 정면   병산서원 만대루 난간 조망[61]

가 맞지 않으면 그냥 나무 쐐기를 박았다. '건물은 그냥 자연의 일부'라는 우리 조상들의 건축 의식이 그대로 드러난다. 이 같은 생각으로 빚어 놓은 때문인지 그 오래된 건물의 목재에 또 다시 파란 새싹이 돋아날 듯한 분위기가 풍긴다. 유홍준(전 문화재청장)은 "병산서원은 주변의 경관과 건물이 만대루를 통하여 혼현魂現이 하나되는 조화와 통일이 구현된 것이니, 이 모든 점을 감안하여 병산서원이 한국 서원 건축의 최고봉이다."라고 예찬하였다.

▶ 그리스 프로드로무 수도원

프로드로무 수도원Moni Prodromou은 그리스 카스트리의 북동쪽 타노스강 계곡의 산중턱 암반으로 이뤄진 절벽에 지어졌다. 이 수도원은 12세기에 세워진 것으로 매우 인상적이다. 수도원은 깎아지른 절벽에 붙여 세워졌고, 건물들이 한쪽은 암벽에 붙어 있지만 바깥 면은 발코

---

[61] 문재인 대통령이 6일 오후 경북 안동 하회마을을 방문해 병산서원 만대루 누각에 앉아서 관람하고 있다. 2017.10.06.(사진=청와대 제공)

프리드로무 수도원 발코니

니를 설치하여 외부 세계를 조망하고 외부 침입자들을 감시할 수 있도록 하였다. 지금도 삐그덕거리는 목조 발코니는 수도원을 열린 공간으로 연결해 주고 있으며 일부는 건물과의 연결 통행로로 이용되기도 한다. 초기에 도르래에 바구니를 연결하여 이를 타고 출입하였다고 한다. 접근이 불가능한 위치 때문에 1821년 혁명 시 은신처로 사용되었다.

이브라힘 군대의 포위에도 살아남은 유일한 수도원으로, 두 번이나 포위를 당했지만 어느 누구의 접근도 허락하지 않았다.

▶ **발코니가 있는 그리스 마테오라 수도원**

그리스 테살리아 지방으로 가면 기적 같은 모습을 만나게 된다. 푸른 하늘에 맞닿아 있는 황량한 벌판에 기묘한 바위기둥이 솟아 있고, 바위기둥 꼭대기에 수도원들이 위태롭게 서 있다. 이곳이 바로 수도원 집단이 위치한 메테오라다. 이곳의 사암 봉우리는 오래전부터 '하늘의 기둥'이라고 불렸다. '메테오라'는 그리스어로 '공중에 떠 있다'는 뜻이다. 지금은 공중에 떠 있는 수도원을 지칭하는 말이자, 수도원들이 모인 지역을 뜻하는 고유 명사가 됐다. 메테오라는 엄격한 규율을 중시하던 그리스 정교회의 전통과 이슬람 세력을 피해서 산으로 산으로 피신해야 했던 그리스의 슬픈 역사가 녹아 있다. 11세기 이후, 그리스 전역을 장악한 페르시아 제국으로부터 벗어나기 위해 그리스 정교회는 접근 불가능한 곳으로 숨어들었다. 수도사들은 처음엔 바위 동굴로 숨어들었다가 이어 바위 절벽 위에 수도원을 짓기 시작했다. 하나둘 늘어난 절벽 위 수도원은 14세기에 들어 20여 개까지 늘었다. 수도원은 불안정한 지반 때문에 세월이 지나면서 점점 무너져 내렸고, 현재는 성 스테파노 수녀원과 대메테오라 수도원을 비롯한 6개의 수도원이 남아 있다. 수도원들은 좁은 바위 꼭대기에 아찔하게 서 있기도 하고 절벽 옆에 붙어 있기도 한다. 수도원은 지형적으로 좁은 암반 위에 중정형 구조로 지어졌다. 여기에 주변을 감시하거나 좁은 내부 공간에서 벗어나 속세를 향해 바라보고 서고 싶은 곳에 발코니가 만들어져 있다.

메테오라의 트리니티 수도원은 007 영화 '포 유어 아이즈 온리' 편에 등장한 바로 그 수도원이다. 영화 속에서 이 수도원은 아무도 찾지 못하는 궁극의 은둔지로 그려진다. 속세와 절연하고 싶은 한 사람이 숨

마테오라 지역 수도원

을 수 있는 지구의 가장 깊숙한 곳이다. 차를 타고 지나면서 본 외관도 그러했다. 원통형으로 우뚝 솟은 바위 위에 덩그러니 얹혀 있는 트리니티 수도원은 그 어떤 수도원보다 단절의 의지가 강해 보였다. 그렇지만 건축적으로는 발코니를 통해 세상을 관조하는 장소를 달아 놓아 숨통이 트이게 만들어 놓았다.

접근이 불가능한 마테오라 수도원은 사람이 통행하고 물자를 수송하기 위해 도르래를 설치하였다. 그 도르래는 지금도 작동되고 있으며 도르래가 있는 곳은 멀리서도 알 수 있었다. 쇠줄에 발라 놓은 기름 냄새를 따라가면 자연스레 도르래 방에 가닿는다. 쇠줄 도르래는 지금도 물건을 나를 때 사용되고, 수백 년 전에 사용하던 나무 도르래는 쇠줄 도르래 옆에 그 형태 그대로 보존되어 있다. 타임지가 선정한 '세계 10대 불가사의 건축물' 중 하나인 메테오라는 1988년 유네스코 세계 문화유산으로 등재되었다. 어떤 장소를 수행·명상·기도의 장소로 변모시킨 건축적 변형, 비잔틴 회화의 발전상을 보여 주는 독특한 프레스코화, 은둔자의 생활에서 벗어난 수도원 공동체의 모습, 접근이 어려울 정도로 위태로워도 굳건히 버텨온 점 등이 등재 이유로 꼽혔다.[62]

▶ 불가리아 릴라 수도원의 중정 발코니

릴라 수도원(불가리아어: Рилски манастир)은 불가리아 남서부 릴라 산맥에 위치한 동방 정교회 수도원이다. 불가리아의 수도인 소피아에서

---

[62] 주간조선 2406호, 2016.5.9. 인용

남서쪽으로 117km 정도 떨어진 곳에 위치한다. 수도원 안에는 교회, 주거 구역, 박물관이 들어서 있다. 927년 이반 릴스키(릴라의 이반)에 의해 수도원이 설립된 이후 불가리아의 통치자들의 후원을 받았으며 특히 불가리아 제2제국의 거의 모든 차르들이 수도원에 기부를 하였다. 또한 12세기부터 14세기까지는 불가리아 국민들로부터 문화적·정신적 중심지 역할을 했다.

17~18세기에는 오스만 투르크 제국 내란으로 여러 차례 습격을 당하였으며 1833년에는 큰 화재로 대부분의 건물이 불탔다. 1834년부터 수도원 재건 사업이 시작되어 면적 3만2,000m²에 수사들의 독방 300개, 예배실 4개, 도서관, 프레스코화로 장식한 손님용 방, 높이 22m에 이르는 굴뚝이 있는 수도원 관리실 등을 건설하였다. 수도원 중앙에 있는 성모 성당은 그리스 십자 모양의 평면에 둥근 지붕 24개를 얹은 3랑식 三廊式 성당이다. 회랑回廊의 벽면과 천장은 19세기에 그린 선명한 빛깔의 프레스코화 1,200여 점으로 장식되어 있다. 이 수도원 건물은 외부를 방으로 둘러싼 중정형 구조로, 내부에 발코니식 회랑을 설치하여 각 방들을 연결하고 있다. 2층에는 사각형, 3층에는 원형으로 장식된 돌출형 발코니를 설치하여 휴식을 취할 수 있는 공간을 마련하였다. 내부 공간의 발코니식 회랑 동선을 따라가면 잠시 머무르는 전망 공간 발코니가 있어 그 멋을 더해 주고 있다. 이 수도원은 1983년 세계 문화유산으로 지정되었다.

릴스키마나 릴라 수도원 발코니

▶ 미코노스섬의 발코니

　미코노스섬Mykonos(그리스어: Μύκονος)은 에게해 남쪽에 위치한 그리스의 섬으로 키클라데스 제도를 구성하는 섬 가운데 하나이며 티노스섬, 시로스섬, 파로스섬, 낙소스섬 사이에 위치한다. 기원전 11세기 초반에 이오니아인이 거주했으며 기원전 3,000년경에는 신석기 시대의 유적인 카레스Kares 유적이 형성되었다. 그리스 신화에서는 제우스와 기간테스의 싸움이 벌어진 곳으로 전해진다. 섬의 이름은 아폴론의 손자인 미콘스Mykons에서 유래되었다. 풍차로 유명한 섬이며 산토리니섬과 함께 에게해의 대표적인 관광지로 여겨진다. 섬의 지질은 화강암이 주를 이룬다.

미코노스섬의 발코니

이 섬에는 바닷가에 줄지어 늘어선 옛 건물들에 발코니가 마치 바다 위에 매달려 있는 듯 설치되어 있다. 이들 중 첫 번째 건물이 18세기 중반에 지어진 후 하나둘 늘어났다. 원래는 부유한 상인이나 선장들의 소유였다. 하지만 바다와 지하 창고에 직접 접근할 수 있는 작은 지하 문들 때문에 사람들은 그 소유자들이 해적들이라고 믿기도 하였다. 그 집들 중 일부는 이제 술집과 카페, 작은 가게와 화랑으로 바뀌었다. 많은 사람들이 발코니에서 일몰을 보기 위해 그곳에 모인다. 또한 이 지역은 그림 같은 해안선을 그리기에 알맞은 풍광을 제공하고 있어 많은 예술가들을 유혹한다. 매달린 발코니가 그 풍광을 장식한다.

3장 대중과 함께하는 발코니

4
위험한 장소가 된 발코니

　발코니는 구조적으로 지면으로부터 높은 위치에 설치되고, 외부와 접하는 공간으로서 매력적인 장소임에 틀림없다. 그곳에 올라 전망을 즐기고 싶게 만드는 공간이지만, 때로는 위험한 장소가 될 수 있다. 고층 아파트 발코니 끝단에 서면 가끔 밑으로 떨어지면 어떡하나 하는 두려움을 느끼기도 한다. 또한 우울증을 앓던 주부의 투신 소식이나, 스트레스를 이기지 못해 투신한 수험생 등의 소식들은 우리들을 충격에 빠뜨리기도 한다. 발코니가 이점이 많은 공간임에도 때로는 사용자의 충동적인 선택에 따라 위험한 장소로 이용될 수 있다는 것을 보여 준다.
　투신자살은 그리스 신화에도 나온다. 신화에 따르면, 아크로폴리스 언덕의 니케Nike 신전 부근에서 아테네 왕인 아이게우스가 투신자살한 것으로 전해 내려온다. 아이게우스는 아테네의 창건 신화에 나오는 고대 인물이다. 그의 이름을 따서 에게해의 이름이 지어졌으며, 이 양¥ 인간은 포세이돈과 함께 테세우스의 아버지일 확률이 높다. 아들이 테세우스가 크레타로 간 뒤 계속 아크로폴리스 언덕에 올라 아들의 생환을 기대하였다. 그러나 돌아오는 배에 흰 돛 대신 검은 돛이 달려 있자

아들 테세우스가 크레타섬에서 피살되었을 것으로 짐작하고 절망한 나머지 바다에 몸을 던져 죽었다고 전한다. 그 후부터 그 바다를 '에게해(아이게우스 해)'라 부르게 되었다고 한다.

로테르담 Kunsthal 조각상 ⓒ 최권종

2003년 4월 홍콩의 유명 배우 장국영이 홍콩 만다린 오리엔탈 24층에서 의문의 투신자살을 해 세상을 놀라게 하였다. 죽음의 장소로 고층 건물을 선택한 것이다.

우리나라에서는 진학 문제로 스트레스를 받은 수험생의 투신하거나 우울증이나 가정불화 등으로 옥상과 발코니에서 투신하는 사례가 종종 발생한다. 단숨에 목숨을 끊어 고통을 해결하려는 시도인지는 알 수는 없지만 발코니가 극단적인 위험한 장소로 선택되는 것이다. 통계청 발표 자료에 의하면, 2016년 OECD 국가 중 한국이 자살률 1위를 기록하고 있다. 자살 동기는 다양하겠지만 불행에 대한 비관이 가장 주된 이유일 것이다. 인간은 행복할 권리가 있다고 한다. 유발 하라리는 그의 저서 "호모데우스"에서 "그동안 역사에서 수많은 사상가, 예언자, 일반인들은 생명 자체가 아니라 행복을 최우선으로 규정했다. 고대 그리스 철학자 에피쿠로스는 신을 숭배하는 것은 시간 낭비이고, 사후 세계는 없으며, 행복이 유일한 목적이라고 설파했다."고 하였다. 에피쿠로스는 분명히 뭔가를 알고 있었다. 행복은

쉽게 오지 않는다. 지난 몇 십 년 동안 인류는 유례없는 성취를 이루었지만, 지금 사람들이 옛날 조상들보다 훨씬 더 만족스러운지는 생각해 볼 일이다. 높은 수준의 부, 안락, 안정을 누리는 선진국의 자살률이 전통 사회들 보다 훨씬 더 높다는 것은 불길한 징조이다. 1985년 한국은 비교적 가난한 나라였고, 전통에 얽매여 있었으며, 독재하에 있었다. 하지만 오늘날 한국은 경제 강국이고, 국민들은 세계에서 가장 많이 교육받은 사람들이며, 안정된 상태에서 비교적 자유로운 민주주의를 누리고 있다. 하지만 1985년에 10만 명당 아홉 명 정도의 한국인이 자살한 반면, 현재 한국의 연간 자살률은 10만 명당 서른여섯 명이다.[63]

'호모데우스' 책 내용은 2016년 이전 자료를 참고하여 자살률이 높게 나왔으나, 한국 보건복지부가 2018년 6월 경제 협력 개발 기구(OECD)가 내놓은 'OECD 보건 통계 2018'을 분석한 결과 자살 사망률은 인구 10만 명당 25.8명으로 OECD 국가 중 가장 높았다. 평균(11.6명)의 두 배를 웃돌 정도였다.[64]

신문 기사를 통해 몇 가지 사례를 보면 다음과 같다.

'필로폰을 투약해 환각에 빠진 40대가 아파트에서 뛰어내렸다가 아래층 발코니 난간에 다리가 끼여 목숨을 건졌다. 15일 오후 11시 30분쯤 부산 사하구의 한 아파트에서 한 남성이 자살 소동을 벌이고 있다는 신고가 경찰에 접수됐다. 경찰과 소방대원이 출동해 보니 이 아파트

---

[63] 유발하라리 지음, 김명주 옮김, "호모데우스", 김영사, 2017, p.56.
[64] 한국경제, 2018.7.13.

11층 발코니 난간에 한쪽 다리가 끼인 40대 남성이 거꾸로 매달려 있었다. 소방대원들은 바닥에 안전 장비를 설치하고 발코니 난간 일부를 잘라내서 이 남성을 20여 분 만에 구조했다. 구조된 남성은 이 아파트 주민 홍 모 씨(44)로 이날 정오쯤 집에서 필로폰을 투여하고 환각 상태에서 소동을 벌이다가 아래로 뛰어내렸는데 운 좋게 목숨을 건졌다.'
(경향신문, 2015. 01. 16)

'아내 때려 숨지게 한 후 투신한 80대 男 골절상'이란 폭력적인 기사도 있다. '아내를 때려 숨지게 한 뒤 투신한 80대 남성이 경찰에 붙잡혔다. 범행 직후 A 씨는 집 발코니를 통해 투신, 골절상을 입고 병원으로 옮겨진 것으로 전해졌다. 경찰은 A 씨가 투신 직전 "사랑하는 아내를 무참히 살해해 놓고 무슨 할 말이 있나."라는 내용의 유서를 남겼다고 설명했다.'(머니투데이, 2016. 03. 12)

외국에서도 발코니를 이용한 투신의 사례는 적지 않다. 신문 기사에 의하면 '미국의 유명 잡지 플레이보이의 센터폴드(책 중간에 접힌 커다란 사진) 모델이었던 47세 엄마가 미국 뉴욕 호텔 스위트룸의 창밖으로 7세 아들과 함께 몸을 던져 목숨을 끊었다. 스테파니 애덤스와 그녀의 아들 빈센트가 지난 17일 저녁(현지 시간) 맨해튼 도심 고담 호텔의 25층 펜트하우스 스위트룸에 묵었다가 이런 변을 당했다고 영국 BBC가 전했다. 이 호텔 스위트룸은 23층부터 2개 층 높이로 발코니가 있는데 두 사람의 주검은 다음날 아침 23층 뒤쪽 정원에서 발견됐다.'
(서울신문, 2018. 05. 19)

발코니를 사용하는 거주자들에게 고층 높이에 따라 안전을 유지하게 하려고 설계 시 난간의 높이와 안전 시설을 법으로 규제하고 있으나 사용자의 의지에 따라 비극의 장소로 선택될 수 있기도 하다. 미국의 대학에서 투신 사고를 예방하기 위해 발코니를 폐쇄하는 방침을 세웠으나 이를 반대하는 비판도 있었다.

최근 1년 사이에 학생 5명이 캠퍼스 건물에서 잇따라 투신자살을 한 뉴욕대가 결국 기숙사 발코니를 모두 차단하기로 해 학생들의 반발을 사고 있다고 뉴욕타임스 등 현지 언론 매체들이 30일(현지 시간) 보도했다. 상담 활동 강화, 특수 아크릴 수지판 설치 등 다양한 방법을 추진해 왔지만 자살 장소를 원천 봉쇄하는 것이 원시적이지만 가장 효과적이라는 판단이 내려졌기 때문이다. 뉴욕대 존 베크먼 대변인은 "지붕이나 발코니에 대한 접근 차단 등 자살의 수단을 규제하는 것이 자살률을 줄인다는 연구가 있다."면서 "전문가들이 이런 조치들을 추천했고, 우리는 그들의 조언을 따를 것"이라고 말했다. 대학 측은 이에 따라 179개 발코니로 통하는 문이 4인치(약 10.2cm) 이상 열리지 않도록 함으로써 학생들이 발코니로 아예 나가지 못하도록 할 방침이다. 이에 대해 이 대학 학생 신문인 '워싱턴스퀘어 뉴스'는 사설에서 자살률을 줄이려는 대학 측의 노력은 칭찬했으나 발코니 폐쇄는 학생들을 어린아이로 취급하는 것이라고 비판했다. 경제학을 전공하는 에이프럴 구는 뉴욕데일리뉴스에 "단기적으로는 효과가 있을지 모르지만 장기적으로는 결국 자살 장소를 찾게 될 것"이라고 비판했다.'(연합뉴스, 2005. 3. 31) 발코니는 이런 어두운 면도 있다.

우리나라에서는 발코니 사용 시 안전을 위해 발코니 난간의 높이를 건축법으로 바닥에서부터 1.1m로 정했으나 2005년부터 규정을 개정하여 여성이나 어린이에게 안전한 높이로 한 뼘 정도 높아진 1.2m 높이(건축법 시행령 40조)로 설치하도록 하고 있다. 그러나 법은 최소한의 기준만을 제시하고 있기 때문에 설계자와 건설업자들은 공사비를 아끼기 위해 최소로 정해진 높이만으로 짓고 있는 것이 현실이다. 심리적인 안정감과 사용 시 안전을 고려하고 우발적인 투신 사고 예방을 위하여 난간을 두 겹 간격으로 디자인하거나 안전유리 등을 사용하여 더 높게 만드는 배려가 필요하다.

4장

도시 디자인 요소가 되는 발코니

발코니는
도시 공간을 장식하는
디자인 요소로 큰 역할을 하고 있다.

외부에 면한 발코니가
건물을 여러 가지 모습으로 만들어 낸다.
코가 얼굴의 아름다움을
더해 주듯이,
건물에서 내민 발코니의 형상들이
거리의 모습에 변화를 주고 조화를 만들어
무언의 대화를 하고 있다.

건축물의
다양한 형태의 발코니는
거리에 생동감을 주고
도시의 변화 있는 풍경을 만들어 낼 것이다.

4장 도시디자인 요소가 되는 발코니

1
건물의 멋을 내주는 발코니

　공동 주택의 발코니는 일상생활을 영위하고, 위급 상황에서 대피 장소로 활용하는 등 다양한 용도를 가진 공간이며, 건물의 외관을 형성하는 데 결정적인 건축적 요소이기도 하다. 발코니는 건물 내외부의 경계에 위치하여 기후와 풍토의 영향을 받을 뿐만 아니라 지역의 생활문화가 반영되기 때문에 각 지역에 따라 다양한 모습을 보인다. 발코니를 관찰하게 되면 형태에 따라 세계 각지의 도시와 건축 문화의 특징을 이해할 수 있다고 생각한다. 거리를 따라 조성된 발코니는 도시 경관을 구성하는 결정적인 요소가 되고 있다. 발코니는 도시 미관, 주택 건축 기법, 건축 재료, 기후와 풍토, 생활문화, 도시 경관, 관련 법규 등을 반영한다.

　돌출된 발코니는 사각형 건축물에 변화를 주는 기능적 역할을 하는 데 발코니의 위치와 형태는 건축물의 중요한 요소로 작용한다. 발코니는 설계의 기법에 따라 장식적 요소로서의 역할이 매우 중요하게 작용한다. 즉, 건축물 외관 디자인의 성패를 가르는 요소가 될 수 있다. 우리나라는 발코니 확장이 허용되어 아파트의 외관이 매우 단조로워지고 있다. 해외의 아파트 사례를 보면 발코니 확장이라는 규정이 없고 최대한 법의 테두리에서 설계하고 건설되고 사용되고 있어 선진국일수록 아파트의 미관이 미려하게 발전하고 있다.

바로셀로나의 카사 바트요와 카사 밀라

바로셀로나에 있는 가우디 작품 '카사 바트요Casa Batlló'는 바다를 주제로 한 건축물로, 또 다른 가우디 작품인 카사 밀라Casa Milla 주택과 마주 보고 있다. 바트요Batlló는 스페인어로 '바다'라는 뜻이다. '바다의 집'이라는 이름처럼 카사 바트요의 내부는 지중해를 닮아 있다. 그중 가장 대표적인 것이 안뜰로 조명을 비추었을 때 위아래 벽면이 같은 색을 띠도록 농도가 다른 타일을 사용했다. 아래쪽의 타일은 좀 더 밝은 색으로, 윗 쪽에 있는 타일은 진한 색을 사용하였다. 엘리베이터를 타고 올라갈 때 글라스를 통해 보이는 안뜰의 모습은 카사 바트요를 '물의 주택'이라 부르는 데 손색이 없게 한다.

카사 바트요는 가우디가 설계한 다른 건축물처럼 독특한 형태를 지니는데, 특히 구불구불한 공간미를 강조했다. 완벽주의자인 가우디는 예전의 건물을 거의 새로 짓다시피 개조했다. 해골과 뼈를 연상시키는 외관을 디자인에 응용해 그 결과 '뼈의 집'이라 불리며, 카사 밀라와 같이 큰 사랑을 받고 있다. 외부를 향한 발코니는 외관을 더 독특하게 만들어 주고 있다. 생명이 없는 무기체가 아니라 생명이 살아 숨 쉬는 유기체와 같은 느낌을 주어서, '인체의 집'이라는 의미로 '카사 델스 오소스casa dels ossos'라고도 한다.

카사 바트요의 발코니 　　　　　　　카사 밀라의 발코니
[가우디 건축 작품의 발코니 모습]

　벽면에는 흰색의 원형 도판을 붙이고 초록색·황색·청색 등의 유리 모자이크를 가미해 화려한 색채를 보여 주며, 여기에 아침 해가 비취면 마치 지중해의 파도 속에 떠다니는 해초와 작은 동물들처럼 보인다. 유네스코는 이 건물을 세계 문화유산으로 지정했다.

　가우디는 독창성과 무한한 상상력의 소유자이다. 카사 바트요 건축 이후 가우디의 명성은 날이 갈수록 높아졌다. 평소에도 가우디의 작품을 좋아했던 '페드로 밀라 이 캄프스'는 카사 바트요를 보고 한눈에 매료당해 주저 없이 가우디에게 공동 주택 계획을 의뢰하게 된다. '라 페드레라la Pedrera(채석장)'로 더 많이 알려진 '카사 밀라'는 마치 인공의 건축물들로 채워진 도시를 비난이라도 하듯 거대한 돌덩어리의 모습으로 우리들 앞에 서 있다. 거친 돌로 마감되어 있는 '카사 밀라'의 정면은 갓 뜯어온 듯한 해초 덩어리로 발코니 난간을 장식하고 있어 마치 자연

지중해 몰타섬의 발코니 모습

을 옮겨 놓은 것처럼 느껴진다. 가우디는 카사 바트요와 카사 밀라에 거주민을 위하여 실내에서 외부로 연결하는 장식 발코니를 설치해 갇힌 주거 공간에 밖으로 향하는 열린 공간을 만들어 주었다. 외관을 장식하는 발코니 형태는 곡선으로 조화롭게 건축되어 두 건축물을 장식적이고 아름다움을 완성하는 요소로 작용하고 있다.

▶ 몰타섬 건물의 발코니

지중해의 작은 섬 몰타섬에 있는 오래된 건물들에는 집집마다 발코니가 있는데 서로 비슷하면서도 다양한 모습을 보여 준다. 한 건물의 집주인은 "이곳 발레타에서는 누구든지 자신이 원하는 색으로 칠할 수 있어요, 분홍색으로 칠할 수도 있어요. 예전에는 노란색이었을 수도 있어요."라고 말한다.[65] 다양한 형태와 각양각색의 색칠을 한 발코니의 조합은 이 오래된 도시의 골목을 매우 특색 있게 보이게 한다.

시카고 마리나 시티 주상 복합 건물

발코니를 디자인에 이용하여 외관을 독특하게 만든 시카고 마리나 시티 주상 복합 건물은 세계적으로 유명하다. 여성 건축가 버트란드 골드버그(1913~1997)가 설계하였고, 1959년에 착공하여 1964년에 만들어진 이 건물은 미국 일리노이주 시카고 시내 다운타운 강변에 위치하고 있다. 높이 179m, 65층의 콘크리트로 된 원통형 쌍둥이 주상 복합 건물로, 겉모습이 옥수수를 닮았다 하여 '옥수수 빌딩'이라 불린다. 이 특이한 모양 때문에

시카고 마리나 시티

미국인들 뿐만 아니라 시카고를 찾는 모든 방문자들의 시선을 집중시킨다. 지은 지 오십 년이 넘게 지났어도 다양한 시설들은 여전히 훌륭하게 관리되고 있다. 이 건물에는 방송국, 극장, 은행, 아파트, 대형 주차장 등이 있을 뿐만 아니라, 피트니스 센터를 비롯하여 푸드코트와 쇼핑센터까지 들어차 있는 시카고를 대표하는 건물 중 하나이다. 16층까지는 주차장이며 18층부터 아파트이다. 반원형 곡선으로 만들어진 발코니는 외부에서 바라보며 곡선미를 느낄 수 있고, 내부에서 외부로 시선을

65) KBS, '걸어서 세계속으로', 2018.7.7. 방영

주면 시카고의 도시 경관을 조망하며 생활의 여유를 즐길 수 있다.

암스테르담의 보조코 아파트(WoZoCo Apartments)

암스테르담의 보조코 아파트는 MVRDV[66]가 설계하였고, 1998년에 준공되었다. 이 아파트는 55세 이상의 나이를 가진 100세대가 거주하는 노인 주택으로, 모든 세대가 햇볕을 골고루 받을 수 있도록 한 건축 디자인 때문에 주목을 받았다. 이 아파트의 특징은 전면 발코니의 위치와 색을 다양하게 하여 은퇴한 노인이 거주하는 아파트에 변화와 생동감을 주었다. 또한 대로변에서 보이는 배면에는 장스팬long span의 달아매는 캔틸레버Cantilever 구조 시스템을 적용해 단위 세대를 공중에 띄우는 수법으로 역동적인 입면을 구성하였으며, 발코니 위치도 다양하게 구성한 창의적인 디자인으로 판상형 아파트의 변신은 무한하다는 생각이 들게 한다.

보조코 아파트에는 단위 주거당 하나의 발코니가 있다. 그런데 그 색상이 각양각색이고 크기와 위치도 제각각이라 외부에서 개별 주거의 경계를 인식하기 어렵다. 따라서 각각의 단위 주거는 익명성을 보장받을 수 있다. 이러한 주거의 익명성은 투명 발코니 때문에 외부에 바로 노출된다는 거주자의 부담을 덜어 준다. 한편 발코니의 투명성은 적극

---

[66] MVRDV는 1993년 문을 연 네덜란드 로테르담에 위치한 건축 및 도시 설계 사무소이다. 사무소의 명칭은 델프트 공대 출신의 창립 멤버인 비니 마스, 야콥 판 레이스, 나탈리 드 프리스의 머릿 글자 M, VR, DV에서 따온 것이다. 한국에서 2017년 완공된 '서울로 7017'을 포함하여 크고 작은 프로젝트를 진행하였다.

암스테르담 WoZoCoS 전후면 ⓒ 최권종

적인 커뮤니티 형성을 장려하기도 한다. 이는 이 주택의 사용자가 55세 이상의 노인이라는 점에서 그들 사이에 동류의식과 이를 바탕으로 서로 소통하려는 욕구가 있다는 것을 고려한 것이다. 설계사 MVRDV는

이 투명한 열린 발코니를 '담소 공간Chatter Zone'이라고 하였다.[67]

우리나라 아파트는 외관 디자인에서 특별함을 찾아보기가 쉽지 않다. '보조코'가 설계사 MVRDV가 내세운 데이터 스케이프Datascape 설계 방법을 적용한 창의적 건물이라면 우리나라는 건축법에 따른 디자인Lawscape의 산물이라고 할 수 있다. MVRDV가 내세운 데이터 스케이프는 감각적인 형태에만 관심이 있는 것이 아니라 철저히 이성적으로 분석한 데이터를 기반으로 디자인하여 창의적이고 혁신적인 솔루션을 도출한다는 이론이다.

보조코 역시 밀도에 대한 건축주의 요구와 법률적인 요구를 준수해야 하는 한계 안에서 작업되었지만, 그 결과는 혁신적인 디자인과 구조로 표현되었다. MVRDV는 단순히 데이터의 분석에 그친 것이 아니라, 데이터가 지닌 속성을 이해하고 문제점을 도출하여 거기서 해결점을 찾아 디자인에 적극적으로 반영하는 태도를 취했다. 뿐만 아니라 데이터 분석 결과를 예술적 직감과 연결시켜 창의적인 건축물 디자인의 촉매제로 활용하는 모습을 보여 주었다.[68]

런던의 밀레니엄 빌리지

영국 런던의 그리니치반도 남단에 들어선 '밀레니엄 빌리지Millenium Village 단지'는 주동에 다양하게 디자인된 발코니를 설치하여 입면에

---

[67] 최두호·한기정, "아파트를 새롭게 디자인 하라", 건축도시공간연구소, 2010. p.68.
[68] Aaron Betsky et al, Reading MVRDV, Rotterdam: NAi publisher, 2013.

런던 Millenium Village 주동 형태 ⓒ 최권종   Millenium Village 발코니 모습 ⓒ 동아일보

변화를 주었다. 밀레니엄 빌리지는 2012년 올림픽을 앞둔 런던 스카이라인의 분주한 변화를 상징하는 퍼블릭 하우징이다. 파랑, 빨강, 주황, 초록으로 측면을 칠한 발코니와 노란색 외벽은 우선 시각적인 자극을 준다. 안개가 없을 때에도 흐릿하게 느껴지는 무채색 런던 도심과 대조적이다.

4개 단지로 구성된 단지의 면적은 29만1378m²로 서울 송파구 방이동 올림픽공원의 5분의 1 정도의 크기다. 편리하고 쾌적해 보이지만 얼

핏 특별할 것은 없어 보이기도 한다. 하지만 이곳에는 런던 시가 10년 넘게 심혈을 기울이고 있는 도시 재생 프로젝트의 핵심 요소가 모두 숨어 있다. 밀레니엄 빌리지가 도시 '재개발redevelopment'이 아닌 '재생 regeneration' 프로젝트의 일부라는 사실은 그 입지에서 확인할 수 있다. 이곳에는 100년 가까이 가스 공장이 서 있었다. 1985년 공장이 폐쇄된 뒤에는 건축 폐기물로 뒤덮인 채 방치돼 있었다. 이런 곳에 정부, 지방 자치 단체, 공기업이 협력해 구성한 부동산 개발 사업체 '잉글리시 파트너십'이 인접 금융가 카나리워프의 연계 주거지로서 퍼블릭 하우징 개발 계획을 구상했다. 1998년 설계 공모에서 당선된 스웨덴 건축가 랠프 어스킨 씨는 심혈을 기울여 환경 친화적인 공동 주택 단지를 설계했다. 그러나 그는 안타깝게도 준공을 앞두고 세상을 떠났다.

주거동 높이는 6~10층으로 낮은 편이다. 여러 개의 작은 광장을 중심으로 이곳저곳 둘러앉은 듯 배치되어 마치 시골 마을 같은 편안한 느낌을 준다. 호수를 빙 둘러싼 발코니에 나서면 공원과 함께 옆집 사람의 얼굴도 볼 수 있다. 외롭게 풍경만 바라보지 않고 함께 사는 이웃을 만나 반갑게 인사할 수 있도록 하는 배치다.

당시 이곳으로 이사 온 대학원생 빌리 창 씨는 주택 조합 지원금을 받아 상대적으로 저렴한 가격에 집을 빌릴 수 있었다고 말했다. "화려한 채색이 유치하다고 하는 사람도 있지만 저는 이런 독특함이 좋습니다. 사치스럽지 않으면서 개성적이고 재미있잖아요. 우중충한 콘크리트 건물이었다면 아무리 넓은 공원이 있더라도 지금 같은 활기가 없었을 겁니다."[68]

런던 고급 아파트 One Hydepark ⓒ 최권종

런던의 서민을 대상으로 계획한 아파트지만 우리와 다르다. 알록달록한 외장 채색과 둥글둥글한 지붕 모양, 금속재를 이용한 디자인, 평지붕에 장식을 준 외관의 주동 건물 타입을 단지에 조화롭게 조닝별로 배치하여 건설하였다. 각 주동에 발코니를 이용한 입면의 변화는 아파트 입면의 다른 시도로 공간에 생기를 불어넣은 시도였다.

싱가포르 스카이 해비타트와 D'leedon

스카이 해비타트Sky Habitat는 전형적인 단일 형태의 주거 개념을 벗어나 공동체적 주거 개념에 기반하여 개별 주거용 테라스와 발코니, 공

---

68) '[퍼블릭 하우징]⑵ 영국 런던의 그리니치 밀레니엄 빌리지', 동아일보, 2009.9.22.

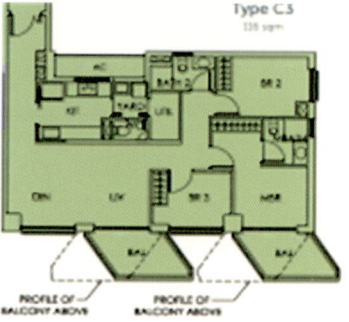

Sky Habitat ⓒ 최권종

동 정원을 포함하여 3차원 공간으로 지어진 아파트이다. 이 건물은 마리나 샌즈베이 호텔을 설계하였던 모세 샤프디의 설계로 만들어졌다. 이 주상 복합 아파트는 38층으로 고밀도 주거 생활과 공동체, 주변 환경, 정원, 햇빛의 휴머니즘과의 균형을 추구한다. 마치 높다란 계단을 연상시키는 독특한 디자인의 입면은 개별 세대들이 더 많은 자연광을 받아들이고, 좀 더 자연적으로 환기를 할 수 있을 뿐만 아니라 멋진 풍경을 바라볼 수 있도록 설계되었다. 특히 두 동의 타워 사이를 가로지르는 3개의 입체형 브리지는 계단 형태의 건물을 서로 이어 주는 동시에 정원에서 삶의 여유를 누릴 수 있게 한다. 브리지 공간은 입주자들이 여가와 모임의 장소로 두루 활용하는 소통의 장소 역할을 한다. 상부의 브리지에는 수영장이 마련되어 있어 하늘 위에서 수영을 하는 듯한 착각을 불러일으키게 만든다. 건물의 전체적인 형태는 개방적인 구조로 공기 순환이 효과적이고 햇빛이 건물 안으로 깊게 투과할 수 있도록 돕는다. 계단 형태의 기하학적인 구조는 모든 집이 자기들만의 바깥 공간을 가질 수 있도록 한다. 이는 더 인도적이면서 친근한 도시 분위기를 만들어 내 주고 있다.

이 아파트는 발코니 형태를 마름모 형태로 만들어 일부는 같은 방향으로 하고, 일부는 대칭으로 배치하여 입면의 변화를 만들어 주고 있다. 또한 각 세대에 부착된 발코니 형태를 좌우 방향으로 조정하는 간단한 변화를 주어 아파트 외관을 독특하게 만들어 냈다.

과거 샤프디를 더욱 유명하게 만든 조립식 아파트 '해비타트 67'은 1967년 캐나다 몬트리올에 지은 조립식 아파트로 큐빅을 기본 단위로 삼아 블록을 쌓고 총 354개의 큐브가 연결시킨 주거 공간이다. 싱가포르는 새로운 건축을 위한 계획 심의 시 기존 건물과 같은 건물 형태를 제도적으로 지양하고 있다. 도시 국가인 싱가포르는 대다수가 아파트에 거주하고 있는데 오래전에 지은 주거 단지를 제외하고는 도시의 아름다운 미관을 형성하는 다양한 주거 단지가 지어지고 있다. 단위 평면을 이용한 주동의 변화도 외관 디자인의 중요한 요소로 작용하나 발코니를 이용한 디자인 사례가 많다. 이것은 가로 경관과 도시 경관에 중요한 요소로 작용하고 있다.

자하 하디드가 설계하고 2015년에 준공된 있는 D'leedon은 평면과 발코니에 변화를 주어 7개의 타워형 아파트 주동을 와인 그라스 이미지로 형상화하여 설계하였다. 단위 세대 평면도 입주자의 선택의 폭을 넓

D'leedon ⓒ 최권종

힐 수 있도록 되어 있으며 정문부터 입주자를 위한 부대 편익 시설까지 디자인의 일관성이 묻어나 있다. 주동 평면에 붙어 있는 발코니는 디자인의 변화를 구사하여 평면적 변화를 주면서 입체적 변화를 추구하였으며, 그로 인하여 건축물의 외관이 조형적으로 우수하고 생동감이 넘친다.

 이 아파트 역시 우리나라 아파트처럼 콘크리트 구조에 페인트 마감으로 시공된 것인데, 아파트를 조형적으로 아름답게 만들면 공사 비용이 대폭 상승한다는 선입감을 불식시켰다고 할 수 있다. 필자가 단지를 두 차례 찾아가 이를 둘러보고 공사 진행 과정을 촬영한 사진을 보니 이처럼 멋진 건축물을 짓는 데 거푸집 공사비만 추가적으로 투입된 것으로 추정되었다. 콘크리트와 페인트 마감만으로 창의적인 디자인의 위력을 발하는 사례로 볼 수 있다.

설계자인 자하 하디드는 '내 건물은 낙천주의를 약속한다'란 제목의 인터뷰에서 "주거용 건축물, 특히 공공 건축은 설계를 하지 않았어요. 공공 주택은 규제가 굉장히 엄격해서 바꿀 수 있는 게 별로 없어요. 유감이죠. 모더니즘은 특히 주거용 건물에서 굉장한 혁신을 불러 왔어요."[69]라고 공동 건축에 대한 생각을 말하였다.

코펜하겐의 Harbour Isle 아파트

코펜하겐 바닷가에 있는 Harbour Isle 아파트는 덴마크 건축가 룬드가르드와 트란베르그Lundgaard & Tranberg가 설계한 건축물이다. 이 건물이 지어진 지역은 원래 공장들이 들어서 있던 곳이다. 2003년에 재개발 프로젝트가 결정되면서 주거 및 비즈니스 시설들이 건설되었다.

이 아파트는 2개의 U자형 블록에 236개의 단위 세대로 구성되어 있

코펜하겐 바닷가 아파트

---

[69] 한노 라우테르베르크 지음, 김현우 옮김, "나는 건축가다", 현암사, 2010, p.138.

으며, 바다 쪽으로 변화 있게 발코니를 내어달아 좋은 전망을 제공하고 있는데, 이 때문에 코펜하겐에서도 부동산 가격이 높은 최고급 주택으로 통한다. 5~8층의 다양한 높이라 아파트가 커 보이지는 않지만, 외벽을 흰색으로 마감하여 밝고 우아한 외관을 만들어 내고 있다. 건물이 바다와 접하여 지어져 마치 바다에 떠 있는 느낌을 주고 있다.

인도 이사하트밤 9

이사하트밤Ishatvam 9는 뭄바이에 있는 건축·인테리어 디자인·도시 계획 회사인 산제이 푸리의 건축가들Sanjay Puri Architects이 1800 평방미터의 작은 공간에 지은 주택 건물로, 인도의 란치Ranchi에 있다. 이 아파트는 각 방이 20피트 높이의 2층 바닥으로 확장되면서 모든 면의 완전한 바닥을 차지하도록 설계되었다. 따라서 각각의 내부 공간은 확장되어 개별적으로 구획된 열린 공간으로 들어가게 된다. 린치의 기온은 여름철 31°C에서 겨울철 12°C까지 다양하다. 각 방마다 연장된 데크형 발코니는 여름에는 과도한 더위로부터 내부 공간을 보호하고, 대지에 조경을 한 옥외로 연장되는 느낌이다.

이사하트밤 9는 각 아파트에게 내부 공간으로 20%의 개방된 공간을 제공하고, 주택의 모든 방에 교차 환기를 통해 자연광과 공기를 최대한도로 받을 수 있도록 하고 주민들의 사회적 요구에 대응하여 설계되었다.

거실은 다양한 가족 구성원들 간의 상호 작용을 증가시킬 수 있는 집 안의 중요 장소가 된다. 각 발코니는 부분적으로 덮여 있고 부분적으로 하늘에 열려 있게 만들어졌다. 그래서 거주자들은 날씨에 따라

인도 뭄바이 란치에 있는 이사하트밤 9

개방된 공간이나 가려진 공간을 선택하여 휴식을 취할 수 있다. 발코니를 단위 주거에 중요 요소로 활용하여 기후에 대응하고 생활에 변화를 주게 하는 독특한 아파트이다.

한국의 아파트

우리나라는 성냥갑으로 비유되던 천편일률적인 일자(-)형 판상 형태의 아파트만을 건설하던 시절이 있었다. 그 당시 아파트 수요자들은 주거 평면이 현대적인 것에 만족하였고, 분양 시 경쟁률이 높아 당첨받기 어려워 선택의 폭이 좁아 아파트 외관 디자인 따위에 관심을 두기 어려웠을지 모른다. 공공 기관과 건설업자의 성과 위주 사업 추진과 건설

신반포 H 아파트 　　　　　　　구반포 A 아파트
[서울시의 발코니 규정에 따라 신축한 아파트 © 최권종]

비용을 절감하기 위해 공기를 최대한 단축해야 하는 사정도 한몫 했다.

　최근 지구 단위 계획에 따른 단지 계획과 경쟁적인 상품 개발의 영향으로 아파트 입면의 형태가 개선되고 있다. 그러나 발코니 확장으로 내부 벽체가 외벽선까지 밀고 나오면서 입체감이 없어지고 있다. 일부 지자체에서 발코니 확장에 대한 가이드 라인을 주고 돌출 발코니에 대해 인센티브를 주는 제도를 시행하면서 입면 일부가 개선되고 있다. 그러나 과거 발코니가 외관 구성의 중요 요소였던 것에 비하면 아직도 부족한 실정이다. 서울시는 단조로운 아파트 외관을 개선하기 위하여 건축심의 규정을 만들어, 전면 발코니 길이를 조정하도록 하고 있으며 우수 디자인 건축물에 한정하여 발코니 설치 인센티브를 주고 있다. 서울시는 '아파트 외관과 도시 경관이 향상되고 성냥갑 같은 일변도의 도시 경관으로 돌아가는 것을 방지하고, 주민들의 입장에서 발코니의 최대 설치하려는 것은 당연한 주장이나 적어도 30% 정도는 피난 방화, 에너지, 도시 경관 등을 고려하여 설치하는 것이 바람직하다.'라는 입장을 명시하였다(2013. 4). 이에 따라 현재 서울시에 신축하는 아파트는 개방형 발코니[70]를 설치하여 건설되고 있다.

외국의 경우 공간의 구성이나 입면 디자인에서 매우 적극적인 태도를 취하는 사례가 많다. 물론 관련 제도의 뒷받침이 없이는 실현되기 어려운 부분도 많지만 비슷한 단위 세대의 구조를 단순히 쌓아 올리는 것 같이 매스를 구성하거나 입면을 만들지는 않는다. 그렇다고 표면을 특별한 재료로 치장하거나 장식적인 요소를 덧붙이기만 하는 것도 아니다. 집합 주택과 같이 비교적 큰 건축물들은 그것을 구성하는 각 요소들의 다양화를 통해서 매스와 입면에 변화를 주는 것이 보다 효과적이다. 단위 공간이 세분화되어 있다면 매스도 잘게 나뉠 가능성이 높고, 단위 공간이 일체화되어 있다면 외피도 육중한 모습을 가지기 쉽다. 입면도 마찬가지다. 단위 공간의 종류가 다양하면 외관 디자인에서도 좀 더 자연스러운 변화를 추구할 수 있을 것이다.

색다른 디자인의 외관을 가진 아파트로는 싱가포르의 인터레이스THE INTERLACE 아파트 단지를 들 수 있다. 이 아파트는 건물은 위로 솟는 것이라는 상식을 깨고 아파트 건물이 마치 수평적으로 뉘어 놓은 것 같은 느낌이 들도록 하는 독특한 설계 방식으로 단지를 구성하였다. 이

---

[70] 설치된 발코니의 직상에 슬래브(지붕)가 없는 형태의 발코니를 말한다.

싱가포르의 인터레이스 ⓒ 최권종

아파트는 북경의 방송 센터를 설계한 네델란드 설계 회사 OMA 소속의 올레 쉐런Ole Scheeren이 설계를 하였고 2014년에 준공을 하였다. 인터레이스 아파트는 같은 길이의 6층짜리 블록 31개를 마치 쌓아 놓은 것처럼 건축되었고, 총 1,040세대로 구성되어 있다. 이 단지는 주거동 시설과 주민 복리 시설들이 나무의 넝쿨처럼 얽혀 색다른 분위기를 자아내고 있다.

우리가 아파트를 디자인 할 때 단위 세대와 복도, 계단실 등에 변화를 주고 이들 각각에 대해 좀 더 적극적으로 디자인에 집중하면 색다른 변화가 일어날 것이다. 암스테르담의 보조코WoZoCo처럼 세대마다 발코니의 위치와 크기 및 색상을 다르게 하거나, 자바 아일랜드의 집합 주택처럼 같은 면적이라도 공간 구성을 다르게 한 단위 세대의 배치로 변화를 만들 수 있다. 때로는 일본 시노노매의 캐널 코트 코단Canal

Court Cordan에서처럼 매스를 채우기도 하고 비우기도 하며, 말뫼의 Bo01에서처럼 블록의 격자를 느슨하게 하여 넓거나 좁은 공간을 다양하게 주는 것도 필요하다.

우리도 아파트 건축에 있어 디자인을 다양하고 개성 있게 해 보려는 노력이 필요하다.[71] 분양 편리성만을 중시하여 같은 단지에 같은 단위평면을 똑같이 쌓아 올리고, 공사비 절감을 위해 굴곡이 없는 아파트를 만들어 내는 관행에서 탈피할 필요가 있다. 발코니 확장으로 우리나라의 아파트의 입면은 개성이 사라져 가고 있다. 아파트 외관의 단조로움이 불편했는지 최근에는 페인트 디자인 기법을 이용하여 외벽의 모습을 다양하게 하려고 노력하고 있기는 하지만 우리가 항상 바라보며 살고 있는 아파트 외관 디자인을 다양하게 하려는 실질적인 노력은 여전히 부족하다.

일본 시노노메 캐날코트 코단

스웨덴 말뫼 Bo01

[71] 최두호·한기정, "아파트를 새롭게 디자인 하라", 건축도시공간연구소, 2010. p.103~105.

우리나라 아파트 외관은 선진 외국 아파트와 비교해 특징도 없고 입체감 또한 부족해 보인다. 토지 구입비와 공사비 조달의 편의를 위한 선분양 제도가 한몫을 하는데, 단위 세대의 내부만 확인할 수 있는 모델 하우스를 만들어 입주 대상자를 끌어 모으고, 시공된 모습은 조감도나 축소된 단지 모형을 보고 분양 신청을 하니, 소비자로서는 아파트 외관에 대한 선택의 폭이 좁다. 이러니 공급자 입장에서는 아파트 외관에 그리 신경을 안 써도 되는 것이었다.

일본학자가 연구한 17~18세기 바로셀로나 사례처럼, 도시 공간 구조에 변화를 주어 활력을 불어넣으려면 평면의 다양화와 발코니를 이용한 개성 있는 설계가 필요하다. 중국은 개방 정책 이후 도시에 많은 아파트를 지었는데, 그들의 아파트와 아파트 단지들은 우리보다 뒤떨어지지 않고 외관도 우리보다 오히려 조형성이 있다. 이를 반면교사로 삼아야 한다. 도시 디자인에 많은 영향을 주는 주거 단지는 개성 있는 외관과 디자인을 통해 입주자들에게 활력을 주려는 노력이 필요하다. 포스트 모더니스트라고 평가받는 로버트 벤투리의 아내이자 설계 동업자인 데니즈 스콧 브라운은 "건축가들은 상황을 악화시키지 말아야 할 도덕적인 책임이 있어요. 실제로 건축가들이 상황을 더 나쁘게 만든 때가 있으니까요. 하지만 건축이 우리를 더 좋은 사람으로 만들지는 않아요."[72]라는 의미 있는 말로 건축주를 대하는 건축가의 자세를 말했다.

---

[72] 한노 라우테르베르크 지음, 김현우 옮김, "나는 건축가다", 현암사, 2010, p.251.

4장 도시디자인 요소가 되는 발코니

2
발코니가 없는 주거용 건물

산업 혁명이 시작되기 전까지 유럽에서 아파트 외부에 발코니를 설치했음을 보여 주는 자료를 찾을 수 없다. 아파트의 발코니는 20세기에 들어와서 생활 공간으로 도입되었다고 보아야 할 것이다. 우리나라에서 아파트를 짓기 시작한 시기에는 주로 한 동 규모나 작은 규모의 서민아파트 단지였고, 발코니도 달지 않았다. 1980년대 중반부터 우리나라에서 짓기 시작한 오피스텔에는 법적으로 발코니를 설치하지 못하게 하고 있다.

회현동 시민아파트

가수 윤수일은 1970년 5월에 준공된 서울시 중구 회현동 소재 제2시민아파트에 살았다고 한다.[73] 영화 '친절한 금자 씨', '추격자' 등의 촬영지로 알려진 이 아파트는 급증하는 서울 인구와 도시 개발로 쫓겨나는 철거민 등을 위해 지어졌다. 회현동 '시범'아파트 역시 여의도 시범아파트와 마찬가지로 붕괴된 와우 시민아파트 사건을 교훈삼아 아파트의

---
73) 전상인, "아파트에 미치다", 이숲, 2009, p.50~51.

달아맨 철재 발코니 발코니 화초가꾸기

[회현동 제2 시범아파트]

'시범'을 보이기 위해 매우 튼튼하게 지어졌다고 한다. 서울의 가장 오래된 아파트이자 유일한 시민아파트인 회현동 제2 시민아파트는 예술인 주거·창작 공간으로 리모델링된다.

회현동아파트는 라멘 식 중복도 구조에 외벽을 적벽돌로 쌓아 만들었다. 흥미로운 것은 원래 외부에 발코니가 없었지만 생활의 불편을 느낀 주민들이 외부 창에 매다는 방식으로 돌출형 발코니를 만들어 사용하였다. 돌출된 발코니로 외부에서 들어오는 빗물을 막을 수 있었고, 넓혀진 공간을 수납공간으로 사용하여 가재도구를 놓기도 하였고 화초를 기르는 공간으로 유용하게 사용하였다. 요즘 신축한 저층형 다가구 주택에서도 외벽에 추가로 매단 화분용 미니 발코니를 골목에서 종종 볼 수 있다.

중국의 토루

2008년 유네스코 세계 문화유산으로 지정받은 중국 복건성福建省에 있는 토루土樓는 '하늘은 둥글고 땅은 네모나다.'는 고대 중국의 우주관

토루 외관　　　　　　　　　내부 통로

이 반영되어 원형으로 지어졌다. 토루는 흙으로 쌓아 올린 외벽에 원형이나 사각형 지붕을 얹은 거대한 집합 주택이다. 토루가 생기게 된 것은 따로 떨어져 사는 것보다 같이 모여 사는 것이 더 나았기 때문이었다. 바로 집단생활과, 적들과의 싸움에 대비한 방어의 필요성이 토루라는 독특한 건축 문화를 낳았다. 일반적으로 직경이 약 50미터인 원형의 토루에는 약 100여 개의 방이 있고, 30~40가구가 같이 지내며, 최대 200~300명까지 함께 살 수 있다. 각 세대는 밖으로는 외적을 막고 안으로는 공동체의 결속을 다지는 데 가장 적합한 주거 공간을 이루고 살았다. 이러한 이유로 외부에 발코니를 설치할 수 없었고 외부에는 창을 거의 내지 못하고 내부 원형 둘레를 중심으로 출입문과 창문을 설치하였다. 또한 출입 통로인 복도가 각 세대를 연결하고 있는데, 이것이 발코니 역할을 하고 있다. 각 세대 출입문을 나서 복도에서 잠시 머물거나 휴식을 취하고 세탁물들을 건조하는 공간으로 이용하여 발코니처럼 사용한다. 이곳의 마당은 모든 거주자들이 음식이나 빨래를 말릴 수 있는 공용 공간이다. 거실과 식사하는 공간은 마당을 향하고 있다. 토루는 주택으로 이루어진 큰 마을이라 할 수 있다.

주거용 오피스텔

　우리나라에서 만들어 낸 특유의 건축물 오피스텔은 오피스office와 호텔hotel의 합성어로, 낮에는 업무를 주로 하되 저녁에는 잠을 잘 수 있도록 개별 실에 숙식을 할 수 있는 공간을 만들어 호텔 분위기가 나게 설계한 형태의 건축물을 말한다. 우리나라에서는 1985년 고려개발(주)이 서울 마포구에 지은 성지빌딩을 분양한 것이 효시로, 이후 수요가 급격히 늘어나 도심에 많이 공급되었다. 1995년 온돌방과 욕실, 싱크대 등을 설치할 수 있도록 건축법이 개정되면서 수요가 급격하게 증가하였다. 주거 용도로서의 오피스텔은 1~2인 가구를 위해서 주로 공급되어 원룸 형태가 많고 역세권과 대학가, 신도시 등에서 주로 공급되었다.

　건축법에서는 이를 업무 시설로 분류하고 주택에 포함시키지 않아 주택 이외에 오피스텔을 소유하더라도 1가구 2주택에 해당되지 않는다. 실정법상 오피스텔은 건축물 분양에 관한 법률에 따라 업무용으로 사용하는 경우, 주택법의 적용을 받는 일반 주택과 달리 업무 시설을 기준으로 하여 세금을 부과한다.

　최근에는 이러한 장점을 들어 부동산 투자 상품으로 많이 건립되고 분양하고 있다. 젊은 층이나 소가족이 생활하는 주거용 오피스텔은 발코니가 없다. 건축법에서 오피스텔은 업무용 빌딩으로 분류해 서비스발코니 설치를 금지하고 있기 때문이다. 발코니가 없는 오피스텔은 주방과 수납에 열악할 수밖에 없다. 최근 설계된 일부 오피스텔에서는 층별로 면적을 달리하여 아래층 지붕을 전면 발코니처럼 이용할 수 있도록 하는 경향도 있다. 이러한 설계로 단위 평면에 테라스가 딸려 있다고

발코니가 없는 오피스텔 ⓒ 최권종　　테라스형 지붕을 이용한 오피스텔 ⓒ 최권종

광고하여 분양이 유리하게 될 수 있도록 하고 있으며 실제 거주자들도 이를 발코니로 쓸 수 있는 효과를 보고 있다. 장지동에 건축된 H오피스텔은 아래층의 지붕을 이용한 작은 발코니 타입 테라스를 갖추고 있는데 건축법의 규제를 피하기 위하여 2개 층 단위로 건너뛰어 테라스를 설치하는 독특한 방식의 설계를 하였다. 거주자들 일부는 아래층 슬래브 지붕 위(테라스라고 호칭함)에 붙어 있는 안전 난간대에 시선 차단용 가림막을 설치하여 사용하는 경우도 있다. 이 발코니형 테라스를 설치한 건물의 단위 세대가 새시를 설치하지 못하도록 하는 아이디어도 적용되었다.[74]

---

[74] 오피스텔은 건축법에 따라 발코니 설치가 불가능하기 때문에 아래층 지붕을 발코니(테라스)로 대체 사용하게 하는 변칙적인 설계 방식이다.

제2편

아파트와 발코니

5장

서구에서 시작된 아파트

로마 시대에 생겨난 아파트는
당시 상류층용 도무스와 서민 노동자용 인슐라로
구분되었다.

우리나라에서 호평을 받는 판상형 아파트는
유럽에서 먼저 생겨났다.
르 코르뷰이제의
'위니테 다비타시옹'은 초기 판상형 고층 아파트의
모든 것을 담으려 하였다.

우리나라에서는 판상형(-자형) 아파트는
전통생활 방식과 4계절 기후에 적응하기 위함이고
통풍과 자연 채광, 에너지 절감 등
쾌적한 환경을 위한 것이다.

5장 서구에서 시작된 아파트

1
아파트의 유래

아파트가 근세 이후에 생겨난 주거 형태로 생각할지 모르나 문헌적으로 보면, 로마 시대에 개인 주택 성격의 중산층 주거인 도무스domus와 일반 서민들이 집단으로 거주하는 인슐라insula라고 불리는 주거 형태에서 비롯되었다고 보고 있다.

거대한 제국의 수도 로마는 제국의 전성기였던 4세기에 이르러 인구가 백만 명에 이르는 거대 도시가 되었다. 이 거대한 인구를 수용하기 위해 많은 집합 주택이 건축되었는데, 귀족은 도무스에서, 서민들은 인슐라에서 거주하였다. 이들 건축물들은 그 종류도 다양해 몇 가구가 거주하는 작은 규모부터 수십 가구가 거주하는 큰 규모에 이르기까지 다양한 집합 주택이 있었으며 층수가 5층에서 7층에 이르는 고층 주택도 흔했다고 알려지고 있다.[75] 이 시기 아파트는 나무와 벽돌, 진흙, 원시적인 시멘트로 만들어졌다. 10층이 넘는 인슐라들도 있었는데, 엘리베이터가 없던 시대였기 때문에 당연히 고층으로 갈수록 방세는 저렴했

---
75) 손세관, "도시 주거 형성의 역사", 열화당, 2000, p.62~64.

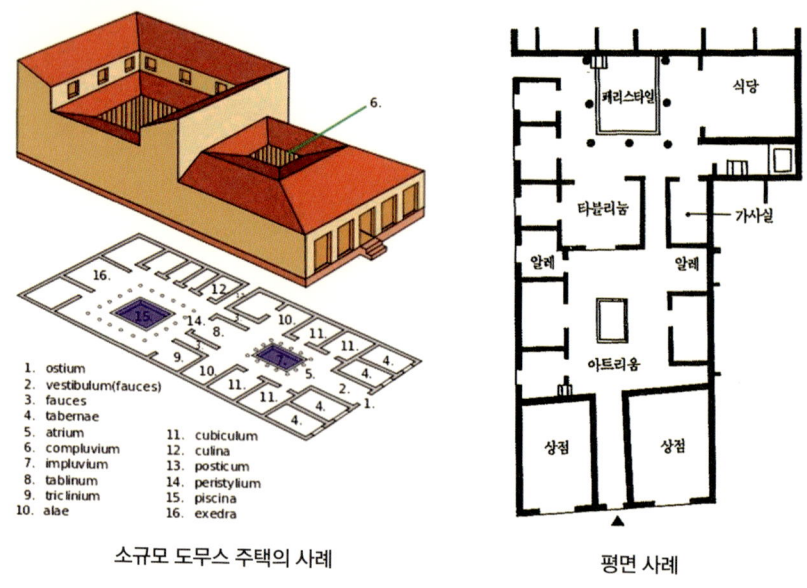

소규모 도무스 주택의 사례   평면 사례

다. 그리고 불법적인 증축이 많이 행해졌으며 층간 소음이 상당한 문제였던 것으로 알려져 있다.

로마 시대 주거는 초기에는 그리스 건축 양식을 계승하여 왔으나 점차 그리스적인 것과는 다른 주거 유형을 창출하였으며, 도시는 일찍부터 고도로 집합화된 주거 환경을 형성하였다. 로마 고유의 주거 형식은 헬레니즘 문화의 영향으로 아트리움atrium과 페리스타일peristyle을 지니는 도무스로 발전하였고, 이것이 도시 상류 계층 주택의 기본 유형이 되었다. 도무스는 공화정 말기에 해당되는 1세기경까지 로마의 주요 도시에서 가장 대표적인 주거 형식이었다. 도무스는 주로 상류 계층이나 부유한 중산 계층을 위한 주거지였으며, 그 주변에 보통 작업장과 상점들, 그리고 규모가 작은 서민 주택들이 섞여서 하나의 블록을 형성했다.

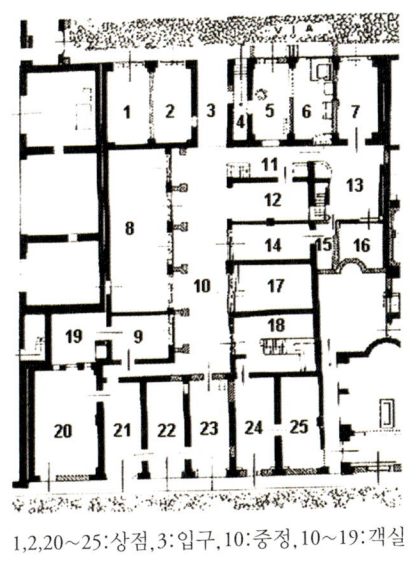

1,2,20~25:상점, 3:입구, 10:중정, 10~19:객실

쥬피터와 가니메데의 인슐라   인슐라 외관과 내부 투시도

    인슐라Insula는 임대용 집합 주택으로서, 1층에 상점이 딸린 규모가 큰 건물이다. 제정 시대로 접어들면서 인구의 증가와 도시화가 급속히 진행되었으며, 결과적으로 많은 집합 주택이 보급되었고, 중산층 이하 대부분의 주민들은 집합 주택에 거주하게 되었다. 인슐라는 개인 주택 도무스에 대립되는 집합 주택인데, 수도 로마의 경우 그 수는 도무스의 약 25배 정도였던 것으로 알려지고 있다. 일반적으로 인슐라는 한 블록 전체를 차지할 만큼 큰 규모였다고 알려져 있지만, 실제로 그 규모는 매우 큰 것에서부터 매우 작은 것에 이르기까지 각양각색이었다. 많은 인구를 수용하기 위해, 넓게 펼쳐지는 중정식의 주택들은 다층 아파트 건물인 인슐라로 대치되어야 했다. 이 다층 건물은 로마 인구의 90%를 수용했다. 대부분이 벽돌로 건설되었지만 몇몇은 콘크리트로도 지어졌다.

다양한 유형의 인슐라는 누구에 의해서 어떤 목적으로 건축되었을까? 도시로 사람들이 모여들면서 주거 문제가 대두되었고, 수많은 서민 노동자들을 수용하기 위해 여러 세대가 같이 거주할 수 있는 공동 주택들이 지어지기 시작하였다. 서민들은 초기에는 도무스 주택 주변에 형성된 임대용 주거 공간에 거주했는데, 점차 인슐라라고 불리는 집합 주택에 거주하게 되었다. 인슐라에는 개인 목욕탕이 없었다. 그 대신 공중 목욕탕들이 도시 전체에 걸쳐 위치하여 불편함은 덜했다. 화재 문제 때문에 난방 시설은 전혀 없었고 공동 화덕을 두어 사용하였다. 식사는 보통 공용 식당에서 빵과 음식을 사서 먹었다. 배설물은 항아리에 담아 하수도에 버렸다. 공중 의식이 없는 거주자들이 창문 밖으로 배설물을 쏟아 버려 애꿎은 행인들이 피해를 보는 경우도 많았다고 한다. 실제로 이 시대 어떤 시인은 인슐라 근처를 지나면 누군가 던진 물건에 맞아 다칠 수 있으니 조심하라는 시를 짓기도 했다고 한다. 1층은 현재 주상 복합 건물처럼 상가로 쓰였는데, 냄새가 많이 나는 피혁점이나 시끄러운 대장간은 주민들이 쫓아내었다고 한다.

로마의 항구 도시인 오스티아에 남아 있는 로마의 아파트 주거의 일부가 부분적으로 복원이 되었으며, 이를 통해 당시 건물들의 외관을 잘 알 수 있다. 이 아파트들은 트라야누스 황제, 하드리아누스 황제, 안토니우스 피우스 황제가 통치하던 AD 2세기경의 것들이다. 이 연대 추정은 아파트 건설에 사용된 벽돌에 제조 날짜를 나타내는 날인이나 각인 등이 남아 있으므로 비교적 정확하다. 인슐라는 네로 황제 시절 로마 대화재 이후 법적 규제를 받게 되었다. 7층 이상 올려 짓지 못하게 했고, 나무 들보 사용을 금지하였다. 나무 들보 사용의 금지로 자연히 아치를 이용한 건축 기술이 발전하게 되었다. 이 시기 인슐라 건축업자들은 악명이 높았는데, 유명한 키케로조차도 자신이 임대하던 인슐라가 노후화되어 붕괴되자, "더 높은 인슐라를 지어 돈을 더 벌 수 있게 되었군!"이라고 하면서 기뻐했다고 한다. 이러한 인슐라는 로마가 멸망하면서 쇠퇴하게 되었다. 이전보다 도시 인구도 줄고, 건축 기술도 성곽과 성당을 만드는 데 주로 활용되었기 때문이었다. 로마 시내의 대부분 아파트 주택은 네로 황제 때의 대화재 이후인, AD 64년 이후에 세워진 것이다. 이 이후에 로마는 개인 주거인 도무스가 군데군데 끼어 있는 도시 구획의 체계를 채택했다.

로마 시대의 주택에 관한 권위자인 맥케이A. G. McKay에 의하면 대규모 집합 주택들은 당시 귀족 계층을 비롯한 재산가들에 의해서 일종의 부동산 투기 목적으로 건축되었다고 한다.[76] 인슐라는 외국인이나 도시 노동자들에게 임대하여 이들로부터 집세를 받기 위해 투기 목적으로 짓는 경우가 대부분이었으며, 무리하게 증축을 하거나 날림 공사로 인한 문제도 많았다고 한다. 부유 계층의 재산 증식 욕구는 당시의 임대용 집합 주택에 대한 사회적인 요구와도 쉽게 부합되었을 것이다. 주택을 이용한 재산 증식은 우리나라에서만의 일이 아니라 시대를 초월하여 본능적 경제적 욕구에 기인한다고 볼 수 있다.

---

[76] A. G. McKay(1924~2007. 예술역사가), *Houses, Villas and Places in the Roman World*, New York; Cornell Univ. press, 1975, 288 pp.

로마 여러 도시에서 집합 주택의 건축이 확산될 수 있었던 결정적인 요인은 콘크리트 축조법의 개발이었다. 기원전 2세기 전반기에 화산재의 일종인 포졸라나pozzolana가 발견되었고, 이를 계기로 화산재를 사용한 여러 가지 콘크리트 축조법이 개발됨으로써 견고하고 의장적으로 우수한 대규모의 건축물을 축조할 수 있게 되었다.

네로 황제는 최초로 소방법과 도시 계획법, 건축법을 확립하기도 하였으나, 시가지를 재건하는 과정에서 자신의 위한 호화 궁전을 지어 실각하고 폭군의 이미지로 남았다. 이렇듯 제정 로마 시대에는 아파트의 시원적 형태라 할 수 있는 인슐라가 즐비하였으나, 제국의 쇠퇴와 함께 인슐라도 점차 사라지게 되고 중세의 암흑기를 거치면서 아파트도 지속적으로 발전되어 내려오지 못하였다.

5장 서구에서 시작된 아파트

2
중세 시대 아파트

　10세기 이슬람 국가 시대의 이집트 카이로에는 7층 높이의 아파트가 많이 있었으며 그곳에서 수백 명이 살았다는 기록이 전해진다. 기록에 따르면 이슬람 사원의 독특한 탑인 미나렛과 비슷하게 생긴 건물들이 도시에 늘어서 있었고, 도시 주민의 다수가 그런 건물에 살았으며, 한 동에 약 200명 정도의 주민들이 살았다고 한다. 11세기 기록에는 몇몇 아파트들의 높이가 14층에 달했다고 전한다. 게다가 옥상에는 정원이 있었고, 정원에 물을 대기 위해 황소가 끄는 물레방아가 있었다고 한다.
　중동에서 특히 유명한 곳은 예멘의 시밤Shibam이다. 시밤은 3세기 예멘 고대 왕국인 하드라마우트의 수도였고, 중세 시대에는 교역의 중심지 역할을 했다. 시밤에 모여 있는 16세기 이후에 진흙벽돌로 지어진 5~16층짜리 건물들은 독특한 풍광을 자아낸다. 이 때문에 시밤은 '세계에서 가장 오래된 마천루 도시'나 '사막의 맨해튼'으로 불린다. 그 중에는 30m가 넘는 건물들도 있는데, 오늘날까지 흙으로 만든 가장 높은 건물로 기록되어 있다. 5층에서 9층 높이까지 솟은 진흙 벽돌로 지은 높은 집들은 너무나 조밀하게 붙어 있어, 주민들은 지붕에서 지붕으

예멘의 시밤(Shibam)

로 연결된 고가 통로를 따라 친지를 방문할 수 있을 정도였다.

시밤의 16세기 성벽은 500채 이상의 주택을 감싸고 있으며, 약 7천 명의 주민들을 보호하고 있다. 주택의 벽은 위로 올라갈수록 점점 얇아지게 만들었는데, 두께가 바닥에서는 1m이고 꼭대기에서는 0.3m도 안 될 정도이며, 진흙과 잘게 썬 밀짚으로 만든 회반죽으로 덮여 있다. 건물 꼭대기와 바닥에는 방수제 구실을 하는 하얀 석회 반죽이 칠해져 있고 (게다가 눈길을 사로잡는 장식이 되기도 한다) 훌륭한 균형미를 보이는 아름답게 조각된 나무 창문과 문들이 남아 있다.

전통적으로 지상층과 1층(우리나라의 2층에 해당)에는 동물과 식료품 가게가 들어섰고, 2층은 유흥을 위한 장소였으며, 3층부터는 여성과 어린이들을 위한 장소였다.[77] 1982년에 시밤을 세계 문화유산으로 등재한 유네스코는 홈페이지에 "요새로 둘러싸인 16세기 도시로, 마천루를 토대로 도시 계획을 한 가장 오래되고 훌륭한 도시"라고 시밤을 소개하고 있다. 시밤의 독특한 도시 구조와 형태는 영화 '스타워즈'의 촬영지로 이용되기도 하였다.

유럽이 중세에서 르네상스로 넘어오는 과정은 혁신적인 것이었다. 이탈리아를 중심으로 사회 구조 전반에 변화가 시작하게 되었다. 사회적 상황 변화에 따라 도시 인구가 상당히 증가했음에도 불구하고 도시의 규모는 크게 확장되지 않았다. 르네상스의 기본 이념과 새로운 건축 기법은 건축 이론가나 부유한 시민 계층에 관계되는 사항이었고, 일반 대중의 주택은 여전히 장인이나 목수들의 손에 의해 건축되었으므로 그들의 취향과 솜씨에 의존해야만 했다.[78] 결과적으로 이 시기에는 도시 주거에 관한 한 큰 변화는 없었다고 할 수 있다. 17세기에 들어서면서 유럽은 바로크 시대를 맞이하게 된다. 바로크는 르네상스의 연장으로서 왕과 귀족을 주축으로 한 고급문화의 절정기였다. 17세기 이후에는 중세 도시의 특징이었던 직주겸용職住兼用의 개념에서 탈피하여 거주 공간과 일터를 구별하는 현상이 나타났다. 가정과 일터가 분리되는 경향은 도시의 사회 구조 변화에 상당한 영향을 주게 되었다. 바로크 시대 이후 도시 주택 내부 구성에 있어서 특기할 사항은 공간의 세분화와

---

77) 리처드 카벤디쉬·코이치로 마츠무라 지음, 김희진 옮김, "죽기 전에 꼭 봐야 할 세계 역사 유적 1001", 마로니에북스, 2009.

78) 손세관, "도시 주거 형성의 역사", 열화당, 2000, p.166.

기능적 분리 현상이었다. 이것은 당시 도시민들의 프라이버시와 편리성 추구에 따른 새로운 결과였으며, 르네상스 이후 일반화되었던 개인화·개성화 경향에 기인한 것이었다. 따라서 이때부터 중세식 복합적 공간 이용에서 벗어나 사적 공간과 공적 공간, 남자와 여자 공간, 주인과 하인의 공간 등이 구별되기 시작했다.

근대적 아파트의 시작은 루이 14세 치하의 17세기 프랑스의 수도 파리에서 시작되었다. 그 이전만 하더라도 한 세대가 가옥 전체를 점유하는 평면이 좁은 수직형 공간의 전형적인 중세식 세장형 주택이 주류였지만 점차 평면이나 층을 나누어 플래츠 형식으로 여러 세대가 임대하기 시작했다. 당시 기록에 따르면 1층 상가 위에 3개의 층을 다세대 주거로 사용하는 건물이 많이 지어진 것으로 전해지고 있다. 이 유형은 18세기로 넘어오면서 더욱 발전하기 시작했다. 루이 15세 때인 1715~30년 사이에 건축가 빅토르 다일리가 생제르맹데프레 지역에 아파트와 비슷한 설계로 주택들을 지어 성공적으로 분양한 기록이 남아 있다. 다만 이러한 수평 공간의 주택은 프랑스보다 이탈리아가 더 앞선 편으로 이탈리아에서는 이러한 주택을 리네아형 주택으로 불렀다.

18세기 파리의 중산층 및 서민용 아파트는 5, 6층 규모가 일반적이었다. 주택의 외관은 고전적이고 장식적인 형식으로 변모했고, 창살과 테라스 등에는 바로크풍의 섬세한 장식을 꾸몄다. 아파트는 폭이 좁고 긴 대지에 건축되어야 했으므로 평면적으로는 가운데에 중정을 두고 두세 개의 공간을 나뉘는 형태가 일반적이었으며, 경우에 따라서는 두세 개 층을 한 가구가 사용하기도 했다.

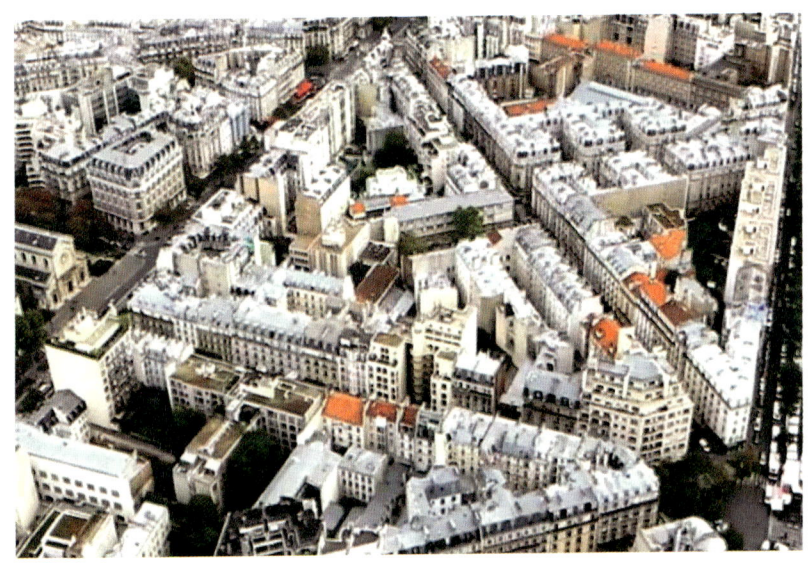

파리 도심의 저층 아파트

18세기 초에 본격적으로 모습을 드러낸 아파트는 19세기 초인 1820년 경부터 그 수가 늘기 시작했다. 1840년경부터 아파트 건설이 부르주아의 주요 투자 대상이 되면서 대규모 산업으로 자리 잡았다. 이후 1850~60 년대의 오스망 재개발을 거친 뒤에는 새로 닦은 넓은 대로를 따라 세워 지기 시작해 지금의 파리의 경관을 만들어 냈다. 그밖에 리옹이나 마르 세유 같은 지방의 대도시와 유럽 각국의 몇몇 대도시에서도 아파트가 세워졌다. 대표적인 예가 독일의 수도인 베를린이다. 그 당시 베를린은 인구 과밀로 인한 교통난으로 몸살을 앓고 있었다. 제2차 세계 대전으 로 도시가 파괴되고 동서로 양분되면서 각각 모더니즘 양식과 소련식 아 파트와 같이 약간 다른 형태로 재건되었다. 프랑스를 비롯한 유럽의 아 파트의 층수는 보통 5~8층으로, 파리의 경우 오랫동안 20미터 이내로 고도를 제한했기 때문에 초창기에는 5층이 많다가 나중에 6층이 가장 많이 지어졌다. 이후 고도 제한도 풀리고 인구도 증가하자 부동산 투자하면 많은 이윤을 창출할 수 있게 되고, 엘리베이터가 발명되어 아파트에 설치된 후부터 6~8층으로 높아졌다. 파리의 아파트는 임대료를 기준으로 1등급, 2등급, 3등급으로 나누어져있으며, 3등급은 중산층을 위한 것이며, 1~2등급은 신흥 부르주아를 위한 고급형이었고, 오스망 재개발 이후 대로를 따라 들어선 아파트들은 석재 장식으로 마감한 고급형이 주를 이루었고, 네오 바로크와 아르누보 양식으로 지어진 화려하고 웅장한 아파트가 대세를 유지했다. 파리의 중산층 아파트는 19세기로 접어들면서 더욱 확대되고 일반화되었다.

5장 서구에서 시작된 아파트

3
산업 혁명과 근대 아파트 시작

　서구의 르네상스와 바로크 시대를 거쳐 산업 혁명 시기에 이르면 타운하우스가 일반화되었는데, 타운하우스는 19세기 초반에 이르기까지 중산층의 도시 주택으로 각광받았다. 그러나 택지난과 과밀화 등의 이유로 주택의 규모가 작아지고 도시가 혼잡해지자 19세기 중반에 이르러 타운하우스에 대한 중산층의 선호가 식어 갔고 이들은 도심을 떠나서 이주하기 시작했다. 즉 과밀화되고 복잡한 도심을 떠나 전원에서의 쾌적한 생활을 추구하게 된 것이다. 이러한 경향은 영국에서 처음 시작된 이후 각국으로 확산되었으며, 영국과 미국에서 가장 성행했다. 타운하우스에 대한 선호가 쇠퇴하면서 중산 계층의 주거는 영국의 경우에는 교외의 단독 주택이, 그리고 프랑스와 독일에서는 교외의 주택과 더불어 도심의 중층 아파트가 일반화되었다. 런던의 경우 아파트 건축은 1840년경부터 시작되었는데, 처음에는 주로 서민을 위한 '모델 주택' 형식으로 시작되었으나, 점차 중산 계층을 위한 고급 아파트가 일반화되었다. 그러나 영국에서는 아파트가 크게 성행하지는 못했다. 영국에서 아파트 건축이 가장 성행했던 곳은 스콧틀랜드 지방의 도시들, 즉 글

래스고Glasgow와 에든버러Edinburgh 등이었다.

　주거 문화의 큰 변화는 산업 혁명 이후에 일어났다. 산업 혁명은 18세기 중엽 영국에서 시작된 기술 혁신과 이에 수반하여 일어난 사회·경제 구조의 변혁이었다. 당시 영국은 산업 혁명과 함께 신흥 공업 도시들이 대거 등장하였는데, 농민들이 일자리를 찾아 도시로 몰리면서 심각한 주택난이 발생하였다. 인류 역사상 일찍이 유래를 찾아볼 수 없었던 지하 단칸 셋방이 등장하였고, 서너 명의 아이가 딸린 가족이 화장실과 세면 설비가 따로 갖추어지지 않은 곳에서 거주하였다. 지하 셋방은 햇빛이 들지 않아 습기가 차고 축축하기 때문에 폐렴에 걸리는 경우가 많았다. 빈민들은 상하수도가 갖추어지지 않은 비위생적인 생활환경과 빈곤으로 인한 영양실조로 폐렴과 페스트, 콜레라를 비롯한 각종 전염병에 쉽게 감염되어 죽어 갔다. 이에 영국 정부에서는 도시 빈민에게 양질의 주택을 공급하기 위해 건축 조례를 제정하여 집합 주택을 널리 보급하였으니 이것이 바로 근대적 아파트의 시초이다. 당시의 건축 조례에서 가장 중점을 두었던 것은 각 세대마다 상하수도 설비와 화장실을 갖추고 풍부한 채광을 하게 하여 주택 내에 습기가 차거나 곰팡이가 생기지 않도록 일조권을 법적으로 보장하는 것이었다.

　영국에서 일어난 산업 혁명은 유럽 각 나라와, 멀리 미국·러시아 등으로 확대되었으며, 20세기 후반에 이르러서는 동남아시아와 아프리카 및 라틴아메리카까지 확산되었다. 산업 혁명을 광의로 해석하여 농업 중심 사회에서 공업 사회로의 이행이라고 보는 한 산업 혁명은 인류 역사에서 아직도 끝나지 않았다고 할 수 있다. 이 광의의 산업 혁명은 흔히 공업화라고 부르는 것으로서, 이를 간단히 정의하기는 곤란하지만 재화의 생산에 무생물적 자원을 광범하게 이용하는 조직적 경제 과정이라고 할 수 있다. 따라서 공업화의 기원을 18세기 산업 혁명에서 구하지만, 산업 혁명은 아놀드 토인비가 말한 바와 같이 격변적이고 격렬한 현상이 아니라 그 이전부터 시작하여 온 점진적이고 연속적인 기술 혁신의 과정이라고 보는 것이 지배적이다.

산업 혁명으로 넓은 농지를 관리하기에 적합했던 전원적인 주거가 밀집된 공업 사회에 필요한 밀도가 높은 집합 주거로 탈바꿈하기 시작하였다. 갑자기 대두된 공동 주택의 집중화로 주거의 질적 문제가 대두되기 시작하였으며, 도시에서의 삶의 질을 높이는 데 많은 노력이 필요하게 되었다. 이후 도시가 팽창하면서 수도, 전기, 도로, 생활에 필요한 에너지 공급 인프라를 도시에 구축하기 시작하였다. 자연 발생적으로 도심과 교외를 잇는 원거리 교통망이 형성되고 도시의 제반 시설에도 변화가 크게 일어나기 시작하였다.

프랑스와 독일에서는 산업 혁명이 영국보다 늦게 진행되었기 때문에 도시화도 영국보다 더디게 진행되었다. 또한 영국의 사례를 참고할 시간적 여유가 있었기 때문에 도시화 현상이 현저해지면서 주거 지역 위생 문제의 심각성을 바로 인식할 수 있었다. 그래서 그것을 개선하기 위한 법적 규제를 미리부터 마련함으로써 주거 지역의 심각한 슬럼화에 대비할 수 있었다. 1860년대 이후 건축가를 위시한 환경 개혁가들은 도시에 적합한 주거 유형을 강구하기 시작했고, 결국 위생적인 측면을 중시한 도시형 아파트가 개발되었다. 독일의 경우 초기의 노동자 주택은 영국에서 시범 주택으로 건축되었던 노동자용 아파트에서 상당한 영향을 받았다.

1900년대 이후에 건축된 아파트에는 철근 콘크리트가 사용됨으로서 계획과 시공에 상당한 유연성을 갖게 되었다. 근대 철근 콘크리트 공동주택의 효시로 1903년에 프랑스 건축가 페레A. Perret에 의해서 프랭클린 가 아파트 Rue Franklin Apt가 건축되었다. 이 아파트는 조적조 방식으로는 시도하기 어려운 참신한 평면을 구성하였고 옥상 정원도 설치하였다. 그리고 계단실은 유리 블록을 통해 채광이 되게 만들었다. 소위 건축사적으로 보면 이 아파트는 근대 건축의 요소를 고루 갖추고 있다고 할 것이다. 이러한 결과로 외관을 향상시키는 시도가 가능했으며, 콘크리트를 사용한 아파트 건축에 새로운 가능성을 제시하였다. 흡연실이 당시

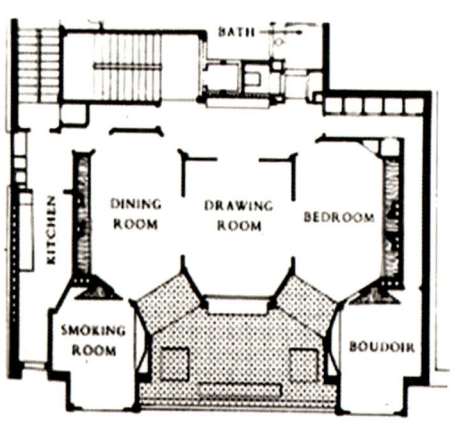

플랭클린가 아파트(Rue Franklin Apt. 1903.)

평면에 설치되어 있으며, 침실과 식당 앞에는 발코니가 설치되어 전면을 조망할 수 있도록 한 것이 특징이다. 이 아파트의 영향으로 여러 나라에서 콘크리트를 이용하여 아파트를 축조하기 시작하였다. 우리나라에서는 처음부터 아파트를 철근 콘크리트 구조로 지어졌으며, 지속적인 고강도 콘크리트 기술의 발전으로 최근에는 초고층 아파트까지 건축도 가능해졌다.

미국의 경우 산업 혁명의 여파가 강하게 미친 곳이 뉴욕이었다. 1800년대 초기 인구가 10만 정도에 불과하던 뉴욕은 1860년에는 인구 80만을 상회하는 도시로 성장했고 브루클린에 거주하는 인구를 포함하면 백만을 상회하는 대도시로 성장했다. 뉴욕에서는 밀려드는 이민자들을 수용하기 위한 목적으로 1830년대부터 3, 4층짜리 건물의 내부를 개조하여 이민자나 농촌에서 올라온 노동자들에게 임대하였는데 이를 'Tenement'라고 한다. 이 당시 Tenement는 한 줄로 이어진 각 방이 다음 방으로 가는 통로가 되는 싸구려 아파트여서 이를 '기차칸식 아파트 Railroad flats'라고 부르기도 하고, 빈민들이 떼지어 산다고 하여 '떼까마귀가 떼지어 사는 곳Rookeries'이라는 오명을 갖기도 하였다. 이 건물들의 방에 창문이 없는 것이 보통이고, 건물과 건물 사이에 지하수를 끌어올려 물을 받고 그곳에 화장실을 설치하였다. 이런 건물들은 곧잘 무너지고 화재도 나곤해서 시 당국의 큰 골칫거리 중의 하나였다고 한다.

1884년에는 The Dakota라는 이름의 럭셔리 아파트가 처음 지어졌다. 다코타 아파트 건물은 오랫동안 뉴욕의 부유한 사람들이 사는 곳이었다. 건물 자체로도 건축사에서 '보석' 같은 취급을 받지만 이곳이 널리

　　　뉴욕의 Tenement 빌딩　　　　　　뉴욕의 The Dakota

알려지게 된 것은 1980년 12월 비틀즈의 멤버였던 존 레논이 이 아파트 입구에서 총격을 받아 유명을 달리했기 때문이다. 존 레논의 팬들은 아직도 그가 사망한 날에 여기에 와 꽃을 놓고 그를 추모한다. 다코타는 8층짜리 건물인데, 1884년에 완공되었을 때 실제로 주변에서 가장 높은 건물들 중 하나였다. 1880년대 이전에는 아무도 지상 8층 위에 산 적이 없었다.

　건축가 Henry J. Hardenbergh는 거주자들에게 사생활을 보호하고 보다 열린 공간을 즐길 수 있게 중앙 뜰(중정)을 둘러싸도록 다코타를 설계했다. 20피트 높이의 아치형 거대한 입구는 이 안뜰로 이어졌다. 자동차가 통과하여 네 개의 모퉁이 입구 중 한 곳에 거주자들을 내릴 수 있게 했다.

  실내 주거 공간은 더 많은 자연광을 받아들이고, 환기를 쉽게 할 수 있게 설계되었다. 방이 4개인 세대부터 무려 20개의 방이 있는 세대에 이르기까지 개별 세대는 어느 것 하나 똑같지 않다. 거실과 부부용 침실은 시내 쪽으로 나있지만 다른 방들은 아름다운 중정 쪽을 바라보게 설계하였다. 큰 방들은 값비싼 목재로 마감된 바닥을 가지고 있다. 현재 방이 여러 개인 이 아파트는 각각 수백만 달러에 팔린다고 한다. 하지만 돈만 있다고 이곳에 살 수 있는 것이 아니라 이곳에 입주하려면 주민들의 동의가 필수적이다. 가수 '빌리 조엘'이나 '마돈나'와 같은 백만장자들도 이 건물을 운영하는 아파트 이사회에 의해 입주가 거부당했다. 이후에 다코타는 엘리트주의에 대한 인식 때문에 고소당하기도 하였다.[79]

---

[79] Thought Co. by Jackie Craven, 2017.03.

5장 서구에서 시작된 아파트

4
판상형 아파트와 현대식 아파트

초기 단계의 저층 아파트는 유럽에서 토지를 효율적으로 이용하고, 가급적 많은 세대가 입주할 수 있도록 일(一)자형으로 지으면서 시작하였다. 일(一)자형 아파트는 종래 중정형 집합 주택보다 더욱 개방적인 형식으로 1920년대 이후 독일에서 시작되었다. 독일에서 '질렌바우Zielenbau'라고 불리는 일자형 아파트는 여러 가지 장점이 있어 채택되었다. 주거 단지에서 도로가 차지하는 비율이 감소되어 매우 경제적이었으며 개방된 녹지 공간과 외부 공간을 마련할 수 있으므로 아파트 단지에 전원적인 분위기를 만들어 낼 수 있었다. 무엇보다 커다란 장점은 통풍과 채광에 유리하다는 것이었다.

일자형 판상형 고층 아파트를 처음으로 고안한 사람은 바우하우스Bauhaus의 일원이었던 건축가 마르셀 브로이어Marcel Breuer였다. 바우하우스의 교수로 있던 그는 1924년 "바우벨트Bauwelt"지에서 시행한 '새로운 주거 형식' 공모 현상에 편복도형 6층 아파트를 설계하여 제출했다. 당시 일자형 아파트 계획에 가장 적극적인 건축가는 그로피우스Walter Gropius였고 그는 이를 구체적이고 논리적으로 옹호하였다. 그로피우스

그로피우스의 Dammerstock 지구 전경

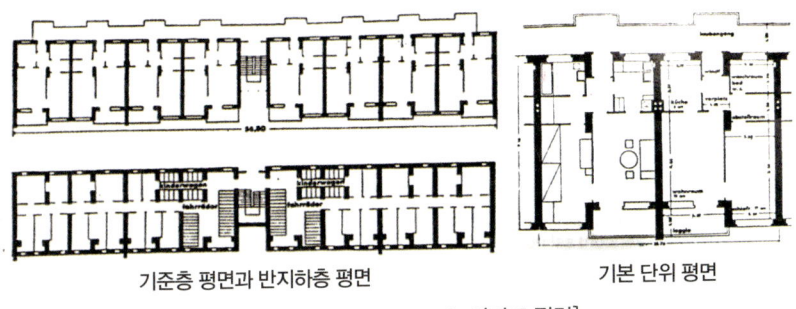

기준층 평면과 반지하층 평면   기본 단위 평면

[그로피우스 Dammerstock 아파트 평면]

는 1927년 칼스루에Karlsruhe 교외의 '다머스톡Dammerstock 지구 계획'을 통해서 자신의 기능적 주거 단지 개념을 주창하였다. 그는 1930년 브뤼셀에서 열린 제3차 근대 건축 국제회의에서 '단독 주택, 중층 아파트, 그리고 고층 아파트House, Walk-ups and High-rise Apartmen'라는 논문을 발표하고 판상형 고층 아파트가 지니는 합리성과 공간 이용의 효율성에 관해 역설하였다. 그는 '고층 주택은 많은 공기와 빛을 받아들일 수 있고, 건물 사이의 넓은 공간에서 어린이들은 얼마든지 소리를 지르며 자유롭게 놀 수 있다.'라고 주장하였다.[80]

그로피우스는 중산층을 위한 건강하고 실용적인 주거를 실현할 목적으로 저층 판상형 주거동과 함께 가장 단순하고 합리적인 배치인 일자형 단지를 계획했다. 이는 전형적인 기능주의 단지의 완결형으로 평가받는 사례로서, 여기에는 추상적 주거 계획 방식이 통용되었다. 이는 주거는 가장 기능적인 요구를 충족시켜야 하며, 그 시대에 필요한 주거의 가장 보편적이고 일반적인 특성을 반영해야 한다는 전제로부터 출발했다. 그로피우스는 "햇빛 없이는 공간도 없다."라는 슬로건과 함께 모든 세대에 최대한의 통풍, 위생, 채광 등의 물리적 조건을 제공하고자 했다. 또한 평균적인 규범을 적용하여 몇 가지 유형의 기본 평면형 제공했고, 이것이 전 단지에 걸쳐 단순히 반복, 배치되도록 계획하였다.[81] 1930년대 베를린에서 성행했던 아파트들은 서민을 위한 간결하고 함축된 평면을 구성하고 있다. 다머스톡 지구 계획에 따라 세워진 아파트에는 발코니가 설치되어 좁은 주거 공간에 숨통을 틔워 주는 아이디어를 확인할 수 있다.

지금과 같은 현대적인 아파트를 구체적으로 구상한 건축가는 프랑스의 르 코르뷔지에다. 그는 1922년 프랑스 빈민 구제안으로 '현대 도시 Ville Contempraine'안과 '브와종 계획안'을 내놓았다. 당시 일부 건축가 및 프랑스 정부와 문화인들이 이에 대해 호감을 가졌지만, 1940년대에 들어와서는 미래 도시에 관해 문화성 제고가 터무니없이 없는 건축이

---

80) 손세관, "이십세기 집합주택 – 근대 공동주거 백 년의 역사" 열화당, 2016, p.168~169.
81) 전남일, '발터 그로피우스의 작품에 반영된 독일 근대 주거의 계획 쟁점', 주거학회, 제27권 3, p.11~22.

라고 평가되어 그 안은 채택되지 못하였다. 공동 주거를 싫어하는 유럽인의 특성과 기존 시가지가 이미 기존 건축물로 꽉 차있는 등의 문제도 작용한 것으로 보인다. 물론 소규모의 아파트는 지금도 생기고 있지만 대단위 아파트는 드물었다.

늘 인간을 중심에 둔 건축 철학으로 유명했던 르 코르뷔지에는 수직도시를 꿈꿨다. '마을 공동체' 이념을 이 거대한 아파트 건물에 적용하려고 했던 것이었다. 그래서 한 동 전부가 단위 주택으로만 구성된 오늘날의 아파트와 달리, 2층 어느 구역은 세탁소, 5층 어느 구역은 슈퍼마켓, 7층 어느 구역은 탁아소, 옥상은 정원과 수영장으로 하는 등 건물 곳곳에 생활 시설과 커뮤니티 시설을 배치하려고 하였다. 그렇게 하여 사람들이 용도에 맞게 각각의 장소로 찾아가 활용할 것으로 기대했다. 하지만 그런 계획은 실현되지 못했다.

나중에 마르세유에 위치한 유니테 다비타시옹Unité d'habitation가 르 코르뷔지에의 계획안에 따라 지어졌다. 이 건축물은 17층 높이에 1인 가족부터 6인 가족까지를 수용하는 23가지의 평면적 변형을 가지고 있으며, 350가구 1,600명을 수용할 수 있도록 계획되었다. 건물은 남북 방향으로 배치되어서 아침저녁으로 햇빛을 받을 수 있고, 좋은 전망을 가질 수 있도록 계획되었다. 유니테 다비타시옹은 중복도 형태를 취하고도 가구마다 복층Duflrex Type이 있고 맞통풍이 되는 구조다. 복도에서 왼쪽에 있는 현관문을 열고 들어가면 부엌이 있고 더 들어가면 복층의 거실이 있고 계단으로 올라가면 2층에 방 3개가 있다. 전후면 어린이 침실에는 발코니가 설치되어 있다. 우리나라 초기 판상형 아파트

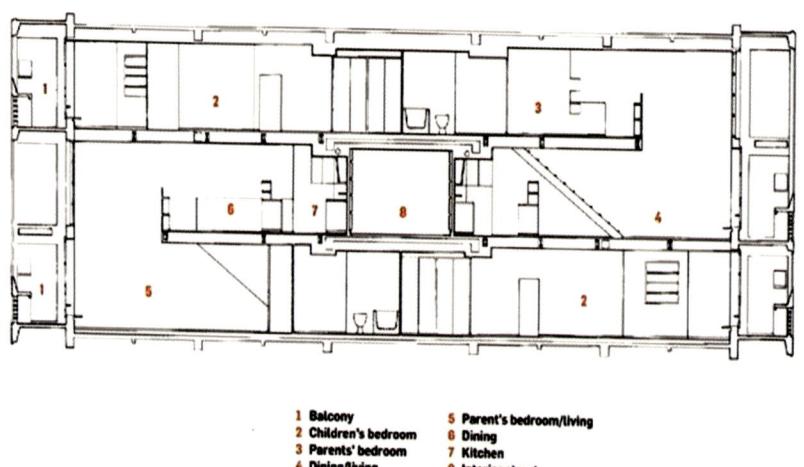

1 Balcony
2 Children's bedroom
3 Parents' bedroom
4 Dining/living
5 Parent's bedroom/living
6 Dining
7 Kitchen
8 Interior street

위니테 다비타시옹 입면, 단면(Duflex Type)

유형에 많은 영향을 준 이 건물은 50년이 지난 지금 봐도 혁신적이다.

세계적으로 유명한 건축가 이오 밍 페이Ieoh Ming Pei는 르 꼬르뷔지에의 건물은 어느 누구의 건축물보다 편안하고 인본주의적이라고 말하였다. 르 꼬르뷔지에와 만나 이따금 이야기를 주고받았던 이오 밍 페이는 "르 꼬르뷔지에의 건물은 인간적이고 생기가 넘쳐요. 내가 형제처럼 생각하는 마르셀 브르어Marcel Breuer도 그런 인상을 주었어요. 르 꼬르뷔지에는 건축적으로 친밀함을 일구어 낼 줄 알았어요."82)라고 평가하였다.

르 코르뷔지에가 제시한 이상적 공동 사회의 모델을 '유니테 다비타시옹'을 통해 실현하려고 하였으나 이 건축물이 완공되었을 때 건축가들이 대단한 관심을 보였던 것과는 대조적으로 일반 대중들에게 호평을 받지 못했다. 당시 사람들에게는 지나치게 급진적이라고 받아들여졌던 이 건축물은 르 꼬르뷔지에가 그동안 주거 시설에 대해 구축해 온 그만의 아이디어들을 재구성하여 실험한 스터디의 종합 결과물이며, 이 거대한 건물을 통해 주거에 대하여 새로운 패러다임을 제시했다는 점에서 의의가 있다. 도미노, 메종 시트로앙 등 본인의 프로젝트뿐만이 아니라 로마 수도교 등 고대의 건축물 또한 르 꼬르뷔지에의 건축적 모티브가 되었다. Alexander Tzonis는 그의 저서에서 위니테 다비사티옹은 르 꼬르뷔지에가 분석적인 접근을 통하여 도출해 낸 아이디어를 종합한 결과물이라고 평가하기도 했다.83) 여러 가지 평가가 있었지만 대규

---

82) 한노 라우테르베르크 지음, 김현우 옮김, "나는 건축가다", 현암사, 2010, p.240~241.

프랑스 시테

모 집합 건축물을 계획할 때 좋은 선례가 되었고 유사 개념들이 도출되었다. 제2차 세계 대전 후 프랑스에서는 파리를 중심으로 안정적인 주택 공급을 위해 1960~1970년대 대도시에 아파트가 대량으로 건립되었고 아파트는 서민을 위한 주거 유형으로 인식되고 있다.

르 코르뷔지에의 계획안은 절대적으로 많은 건축가들이 참고하였으며 이후 그의 계획안은 마르세유에서 실현되었으며, 많은 아파트가 건설되었으나, 대부분 프랑스의 외곽 지역(방리유)의 아파트(시테)는 서민층 주거용으로 인식되었고 슬럼화하였다. 오늘날에는 빈민들과 이민자들의 주거지나 폭동의 근원지로 인식되어, 건물 전체가 빈 건물도 많고 내부 플랫들도 많이 비어 있으며, 생활 인프라도 좋지 않고 치안은 보장되지 않으며 집값도 매우 싸다. 시테는 드라마와 영화의 배경으로 자

---

83) [Archi-Study] Unité d'Habitation(1947-1952), Le Corbusier/위니테다비타시옹-르꼬르뷔지에

주 사용되었다.

제2차 세계 대전 후에는 유럽 각국에서 주택 보급을 위한 개발 정책이 대거 수립되었으며, 일본에서도 공단을 만들어 전후 복구 사업을 대대적으로 시작하였다.

독일의 경우 제2차 세계 대전 패전 이후 열악한 경제 사정으로 주거 단지 개발이 쉽지 않아 40년대 후반부터 50년대 초반까지의 주택 복구 사업은 중·저층 일자형 아파트의 건설이 주로 이루어졌다.

미국에서는 일자형 아파트 위주의 주거 단지에 대해 건축가들의 관심이 대단하였다. 미국 최초의 일자형 아파트는 1932년 뉴욕의 한 건축 사무소가 제시한 롱아일랜드의 주거 배치 계획안에서 나타났다. 제2차 세계 대전 후 미국에서는 일자형 아파트가 일반화되었으며 1951년 뉴욕 '북부 할렘North Harlem 주거 단지'는 일자형 고급 아파트가 대규모로 등장하는 계기가 되었다. 저렴한 비용으로 많은 주택을 공급하기에 적합한 일자형 고층 아파트는 그로피우스의 구상을 바탕으로 하였다. 일자형 아파트의 보급에 따라 평면도 그에 맞게 설계되기 시작하였다. 당시의 평면은 우리나라 초기 아파트 평면과 유사하다.

러시아에서는 스탈린이 집권하고 있던 1950년대 이후 매우 심각해지는 주택난을 해결하기 위해 서민용 아파트를 판상형으로 지었다. 이러한 스탈린식 아파트는 높은 천장, 대형 주방, 넓은 객실과 별도의 욕실을 갖추고 있으며 편안함과 아름다움을 강조하였다. 그런 건물은 주로 벽돌로 지어졌으며 장식을 위해 석고와 화강암 석재를 사용하였다. 스탈린 사후에는 권력자 니키타 흐루쇼프의 이름을 딴 아파트들이 들어

러시아 후르쇼프식 아파트　　　　러시아 브레즈네프식 아파트

섰는데, 1961년부터 1968년까지 7년 동안 무려 6만4000여 채가 건설되었다. 본래 흐루쇼프식 아파트는 기존의 스탈린식 아파트가 건축 비용이 많이 들고 건축 시간이 너무 오래 걸리는 문제점을 보완하여 보다 기능적인 주거 환경을 채택하여 임시 방편 형태로 지어진 것이었다. 이 건물들은 1950년대부터 1985년까지 건설되었다. 소련은 원래 흐루쇼프식 아파트로 주택난을 해결하고 새로운 주택을 건설하여 해결해 보려고 했다. 이때 아파트 내부는 보통 방 2~3개 정도에 화장실이 딸린 것이다. 넓은 곳은 주방도 있다. 옛 소련 시절에 이 아파트는 신청을 해 놓으면 건설이 되는 대로 싼값에 분배되었다. 실제로 소련은 이 아파트를 대량으로 지은 덕에 주택난을 크게 완화시켰고 거주자의 만족도도 대체적으로 높은 편이었다. 흐루쇼프식 아파트는 워낙 튼튼하게 지어졌고 난방 및 상하수도를 완비하였기 때문에 아직까지도 사용된다. 흐루

쇼프가 물러나고 새로 서기장이 된 브레주네프의 이름을 딴 브레주네카라는 아파트도 있는데 5~10층 구조인 흐루쇼프식보다 커진 9~17층짜리 아파트지만 획일적인 조립식 건물인 점은 흐루쇼프식 아파트와 다를 것이 없었다. 또한 소련 해체 후 독립한 국가들에서도 흐루쇼프식 아파트를 어렵지 않게 찾아볼 수 있으며, 심지어 몽골 울란바토르 시내에도 간간히 보인다. 그 당시 아파트는 개선 된 배치 방식의 아파트였다. '브레즈네프키Brezhnevki'는 분리 된 욕실, 쓰레기 닥트 및 엘리베이터를 갖추었다. 이 아파트들은 종래의 아파트보다 공간이 넓고 일반적으로 크고 다양하다. 외관상으로 보면 우리나라 아파트와 매우 비슷한 입면 구조로 구성되어 있다. 모스크바나 다른 도시의 아파트 구조를 보면, 평면의 유형은 우리와 다르지만, 외관을 보면 우리나라 아파트와 매우 유사함을 느낄 수 있다.

유럽 도시의 전통적 아파트 형태는 건물 가운데에 중정中庭이 있다. 일자형 아파트가 처음 만들어진 곳은 독일이다. 유현준 교수는 "판상형 아파트가 빼곡히 들어선 모습은 독일인 건축가 힐버자이머의 아이디어에서 비롯되었다."고 말했다. 독일의 판상형 아파트는 미국과 일본을 거쳐 우리나라에 상륙한 것으로 보인다. 1930년대 일본인이 지은 도요다 아파트(지금의 충정아파트), 미쿠니아파트 등이 2~4층 건물 가운데 중정이 있는 독일식이었다. 중정이 사라지고 완벽한 형태의 성냥갑 아파트가 한국의 일반적인 아파트 형태로 굳어진 것은 제2차 경제 개발 5개년 계획(1967~71) 시기 여의도 시범 아파트가 분양에 대성공을 거두면서부터이다. "대한민국 아파트 발굴사"의 저자 박진희 씨는 "1976년 강남에서 고층 아파트 단지 건설이 본격화될 때 반포아파트, 압구정 현대아파트 등이 모두 판상형을 택하면서 이 형태가 확산됐다."고 말했다.[84]

　판상형 아파트가 선호되고 있는 것은 햇볕을 잘 받을 수 있도록 정남향 배치가 가능하고, 발코니가 전후에 있어 통풍이 잘되기 때문이다. 현관 입구에서 바라보는 시야각에서 내부의 개방성이 탁월하며, 평면 구조가 안정적이며 공간 활용도가 높은 편이다. 또한 타워형에 비해 사생활 침해가 적고 발코니 면적이 넓으며, 공용 면적을 최소화하여 전용 면적을 넓게 하는 장점이 있다. 그러나 미관상 단조롭고 저층이나 뒤쪽에 배치된 동의 경우 일조권과 조망권 확보가 어려운 경우도 생긴다. 이러한 판상형 아파트는 도시 경관의 측면에서 획일적인 배치라는 문제가 있기도 하다. 지금은 탑상형 아파트 설계가 권장되고 다양한 형태의 아파트가 설계되고 있지만, 우리나라 사람들은 여전히 남향의 일자형 아파트를 선호하고 있다.

---

[84] 조선일보, 2013. 11. 2 기사 인용

6장

우리나라 아파트

우리나라 아파트는
서구에 비하여 그 역사가 매우 짧다.

짧은 역사에 비해 공동 주택에 거주하는
인구는 70%에 다다르고 있다.
세계 어느 나라보다 경제가 빠르게 성장했듯이
아파트도 빠르게 보급되어 왔다.

이런 아파트는 도시에만 집중되어 있는 것이 아니라
대지가 여유로운 지방 소도시에도 많이 들어서는데,
이는 우리나라만의 특징이다.

우리나라에서는 생활의 편의성 때문에
아파트에서 사는 것이 매우 선호된다.

1
주거의 의미와 아파트 주거 문화로의 변화

주거의 형식은 지역의 자연환경과 기후, 문화에 따라 다르게 발전해 왔다. 모든 동물은 자연환경에 적응하고 대처하면서 살아간다. 동물들에게도 둥지란 것이 있다. 동물의 종류에 따라 각기 다른 모습의 쉘터 shelter를 만들어 나름대로의 가족생활을 하고 있다. 동물들도 비바람과 매서운 추위를 피하고 천적의 공격을 방어하기 위해 여러 가지 형태로 자신들의 생활 터전을 만들고 산다. 그러나 동물들이 저들 나름대로의 생활 터전을 만드는 것은 본능에 따라 하는 것이어서 시간이 흘러도 별반 변화가 없다. 그러나 인간은 자연환경에 대응하기 위해 기본적인 의식주衣食住 문화를 부단히 발전시켰다. 불리한 자연환경을 극복하기 위해 피복의 재료를 자연에서 조달하거나 농경지를 만들어 식량을 재배하고, 거친 외부 환경으로부터 자신과 가족들을 보호하기 위해 쉘터shelter를 지어 생활하기 시작하였다. 처음에는 사는 곳 주변에서 쉽게 구할 수 있는 재료를 이용하여 원시적인 구조를 지어 생활하다가 차츰 먼 곳에서 필요한 재료를 조달하고, 재료를 사용하는 방법을 개발하여 더욱 편안한 집을 짓게 되었다. 우리가 사는 집은 시대에 따라 형식을 달리하지만, 그 속에 살아가는 우리의 생활양식도 부단히 변해 왔다.

건축의 시작은 쉘터shelter, 곧 피난처다. 그런데 인간은 이 피난처에서 쉬거나 잠만 잔 것은 아니었다. 원시 시대의 인간이 두려워하는 것은 비바람만이 아니었다. 해와 달, 딛고 있는 땅과 그 위에서 함께 사는 동식물 모두가 두려움의 대상이었다. 이들은 두려운 자연 속에서 살아가면서 천체를 닮은 물건을 만들고 동물을 닮은 춤을 추면서 세상에 적응하고자 했다. 자기가 만든 것들 중 가장 크고 익숙한 '집'은 그들 삶의 의미였고, 세상의 모든 신비로움을 받아들이는 통로였다. 인간의 집은 아무리 작고 초라해도 세계를 상징했다.[85]

우리나라 주거 문화는 오래 전에는 목조 형식의 기와집과 자연 자료인 흙을 주로 사용한 초가집이 주류를 이루어었다. 전통 주거 방식은 오랜 세월을 거쳐 기법이 발전해 왔고 우리 기후와 자연환경에 맞게 지어졌다. 과거 전통 주택은 가족과 함께하며 인생의 모든 시간들을 보낸 터전이었다. 그 집에서 태어나 성장하고, 혼사도 치루고 장례도 치뤘던 장소였다. 가장의 경우 그 집에서 긴 시간 가족들과 희노애락喜怒哀樂을 함께 하며 여생을 보내고 이를 후손에게 남겨 주었다.

근세에 들어 서양 문물이 들어오기 시작하고 사회 구조도 변화하면서 도시로 인구가 몰리면서 주거 환경도 변화하기 시작하였다. 19세기 말부터는 서구 건축 양식의 건물들이 들어서기 시작하면서 재료 및 건

---

[85] 김광현, "건축이 우리에게 가르쳐주는 것들", 뜨인돌, 2018, p.153.

축 기법이 서서히 서구식으로 변하기 시작하였다. 도시화가 급격히 진행되면서 아파트라는 새로운 개념의 주거 공간이 나타나기 시작했고, 주택은 과거처럼 태어나서 죽을 때까지 살아야 하는 곳이 아니라 사회·경제적인 필요에 따라 사고파는 재산이 되었다.

우리나라에서 아파트가 언제부터 지어졌는지 그 시기는 정확히 파악하기는 어려우나 1920년대 일본 주택업자들이 노동자의 주택 문제를 해결하기 위해 지은 독신려獨身旅[86]가 효시가 아닌가 싶다. 아파트 형식의 도입은 일제 강점기 말기 1941년에 설립한 조선주택영단朝鮮住宅營團의 사업에서 이루어졌다. 영단 주택 건설은 최초의 공공 주택 사업이며 단지 규모의 집합 건물이 등장했다는 점에 의의가 있다. 영단 주택은 시멘트 기와나 콘크리트 기초, 철망식 벽체, 유리 창문 등의 근대적 건축 요소를 일반에게 보급하였고 주택 문제를 해결하려는 측면에서 대규모의 집합 주택을 건설하여 주거에 대한 인식을 변화시키는 중요한 계기가 되었다. 단위 평면의 특징으로는 우리의 전통 양식인 좌식 생활보다 입식 생활을 할 수 있도록 다소 변화하여 마루방이 거실이 되어 여기에서 휴식을 취하기도 하고 손님을 맞기도 하였다. 또한 거실을 중심으로 침실, 부엌의 위치는 반드시 안방 북측에 위치하도록 지었다.[87]

프랑스 지리학자 발레리 줄레죠Valérie Gelézeu는 그의 저서 "아파트

---

[86] 독신려는 일본말의 합성어로 독신려의 '려'는 일본어로 여관의 뜻을 포함하고 있으며 독신자 기숙사를 뜻한다.

[87] 오선영, '아파트 평면에서 현대적 의미의 사랑방 공간 도입에 관한 연구', 중앙대학교 건설대학원 석사학위 논문, 2000, p.9.

공화국"에서 "1990년 처음 서울을 방문했을 때 아파트 단지의 거대함에 충격을 받은 이후, 나는 어떻게 이런 대단지 아파트가 양산될 수 있었을까 하는 의문을 박사 논문의 주제로 삼기로 마음을 먹었다."라고 말했는데, 프랑스인들은 1950~1960년대에 건설된 도시 외곽 지역의 대단지 아파트에 대해 부정적인 시각을 갖고 있어 친지와 주변 사람들이 의아해 했다고 한다.[88] 그만큼 우리나라의 주거 형식이 매우 짧은 시간에 전통 주거에서 서구식 아파트로 급속히 변해왔음을 나타내고 있다. 이러한 변화는 우리나라 사람들이 아파트를 편리한 주거 생활의 장으로 선호하고 있다는 증거일 것이다.

우리나라에서는 일제 강점기에 서구식 양옥집이 나타나기 시작하였고, 도시화 진행에 따라 점차 공동 주택 형식이 나타났는데 해방 후 산업화가 진전되면서 아파트가 본격적으로 들어서기 시작하였다. 아파트는 60년대 초반의 태동기에서 70년대의 유년기를 거쳐, 80년대에 이르러 단지화가 빠르게 진행되었다. 우리나라에서 아파트가 주요 거주 공간으로 전화된 시점은 1990년대 주택 200만 호 건설과 신도시 개발 정책이 시행되면서부터이다.

우리보다 20년 앞서 아파트 단지를 건설하기 시작한 일본은 주거용 건물에서 아파트가 차지하는 비율이 현재 35% 정도인데 그보다 늦게 시작한 우리나라는 대략 60%에 달한다. 그만큼 한국 국민이 아파트에 거주하는 것을 선호한다는 증거이며 아파트가 주요 주거 양식으로 자리 잡았다고 볼 수 있다.

---

[88] 발레리 줄레죠(Valérie Gelézeu) 지음, 길혜연 옮김, "아파트 공화국", 후마니타스, 2007, p.15.

6장 우리나라 아파트

2
우리나라 아파트의 시작

문명의 발달이 인간의 생활 모든 것에 영향을 주고 변화를 가져왔 듯이 집도 과거의 가족 단위 주거에서 새로운 시대 문화에 맞추어 변해가고 있다. 아파트란 주거의 형식은 서구에서 발달하여 우리나라에 전해진 것이 사실이고 세계 각 지역의 독특하게 전해 내려온 생활양식이 반영되어 있겠지만 외형이나 주요 기능적인 면에서 공통분모가 있다. 유럽에서 시작한 아파트는 세계 어느 곳에서도 볼 수 있 듯이 아파트 내부 평면은 달라도 외형 구조는 유사한 형태를 가지고 있다.

일본은 제2차 세계 대전 이후 폐허가 된 도시에 서민을 위한 주택을 공급하기 위해 우리보다 20년 빠르게 아파트 단지를 만들기 시작하였고, 중국도 개방화 이후 낙후된 주거 환경을 개선하고 도시화의 진전에 따라 더 많은 주거 공간을 공급하기 위해 아파트 단지를 건설하여 왔다. 우리나라도 아파트 보급이 가파르게 증가하였고 이미 새로운 주거 형태로 자리 잡았다. 아파트에서 생활하는 것이 복잡한 도시에서 살아가는 현대인들에 많은 이점이 있기 때문일 것이다. 이러한 이점에는 도시 인프라와 함께 편리하게 구성된 단위 세대 평면 구조와 향상된 주거 기능들, 편의 시설들의 완비, 편리하게 이용할 수 있는 교통수단 등이 포함된다.

우리나라 최초의 아파트가 무엇인지에 대한 설은 다양하다. 우리나라에서 아파트의 역사가 그리 길지 않은 데도 어느 아파트를 최초의 아파트로 볼 것인지 의견이 분분하다. 이는 그만큼 우리의 사료 정리 노력이 부족하거나, 주거 건축 자체에 대한 관심의 부족을 보여 주는 것이라 생각된다. 최초의 아파트로 혜화아파트를 거론하는 경우도 있기는 하지만 현재 기록상으로 확인된 바로는 유림儒林아파트로 보는 것이 옳을 것 같다. 물론 이 역시 다양한 사료를 바탕으로 검증한 것은 아니다. 비교적 초기의 아파트로는 일제 강점기 때의 미쿠니三國상사가 지은 미쿠니아파트나 앞에서 이야기한 혜화아파트를 들 수 있다.

우리나라 최초로 아파트로 불리기 시작한 것은 미쿠니아파트이다. 이 건물을 건립한 기업은 경성 미쿠니상사로, 이 회사는 한국 주재 일본인 직원들의 숙식을 위해 회현동에 관사를 짓고 그 이름을 '미쿠니아파트'라고 붙였다. 구조가 지금의 아파트와 많이 달랐지만 바로 이 관사가 한국 최초의 아파트로 이름을 올렸다. 우리나라 주택의 역사에서 '아파트'라는 말이 처음 등장한 것은 미쿠니아파트가 모습을 드러내기 몇 년 전 이었다. "대한주택공사 30년사. 대한주택공사, 1992" 등에 따르면 1920년대 일본 공영 주택 건설 기관인 동윤회가 '아파트'를 설계했다는 기록이 나온다. 그러나 실제 아파트로 모습을 드러낸 첫 건물은 미쿠니아파트였다.

우리나라에서 공동 주택 형식을 갖춘 아파트로는 1932년 일제에 의

충정(유림)아파트(1932) ⓒ 최권종

하여 세워진 서울 충정로의 5층짜리 유림아파트가 처음이었다. 유림아파트는 1930년에 서울 충정로 3가 250-6 번지에 4층으로 건립되었다. 이 아파트는 일본인 도요다 다네오豊田種雄 소유로 그 이름을 따서 도요다아파트 또는 풍전아파트로 불렸다. 주로 일본인들이 임차해 살았고, 최신 설비를 갖췄다고 해서 젊은 중산층이 선호했다고 한다. 세 동의 건물이 중정中庭을 둘러싸고 모여 있는 형태이며 중앙에는 급수탑이 높이 세워져 있다. 세월을 실감할 만큼 낡았지만 사람 사는 곳답게 햇살이 들어오는 곳에는 화분이 많이 놓여 있다. 6·25 전쟁 후 1층을 올려 지금은 5층이다. 현재의 이름은 충정아파트이다. 당연히 현대의 아파트와는 구조가 완전히 다르다. 서울시는 2013년에 충정아파트를 우리나라 최초의 아파트로 공인하고 '100년 후의 보물, 서울 속 미래 유산'

으로 지정했다.

  그 뒤 조선 총독부에 의하여 혜화동에 4층 목조 아파트, 적선동에 내자아파트 등이 세워졌으며, 그 밖에 통의동·삼청동 등에 공무원 아파트가 세워졌다.[89] 광복 후 1950년대에는 실제적인 공동 주택이 등장하였고 행촌아파트(1956), 종암아파트(1958), 개명아파트(1959)를 시작으로 하여 아파트가 다수 건립되어 주택난을 해결하기 시작하였다.

  1957년에는 종암아파트가 건축되었는데, 이 아파트는 우리나라에서 직접 건축한 최초의 아파트로 기록되고 있다. 당시 중앙산업이 7,260여 m^2 대지 위에 3개 동을 지었고 152가구가 입주했다. 당시 이승만 대통령이 직접 낙성식에 참관할 정도로 한국 건축계에서는 꽤 주목을 받은 건축물이었다. 낙성식에서 이승만 대통령은 "이렇게 편리한 수세식 화장실이 종암아파트에 있습니다. 정말 현대적인 아파트입니다."라고 축사를 했다고 한다. 당시엔 한 건물에 여럿이 모여 사는 주택의 경우 공용 화장실이 집 밖에 있는 것이 일상적인 모습이었다. 아침이면 샛노란 얼굴로 배를 움켜쥐고 화장실 앞에서 쩔쩔매던 아이들을 어디서나 쉽게 볼 수 있었다. '뭐 이렇게 오래 걸리냐'며 시비가 붙는 원초적인 싸움도 흔했다. 하지만 종암아파트에는 가구마다 수세식 화장실이 설치되었다. 종암아파트의 설계 도면을 보면, 현관으로 들어오자마자 작은 화장실이 있었는데 그 안에는 좌변기가 놓였으나 욕조는 없었다. 이로써 한국인들은 집 안의 쾌적한 공간에서 편안하게 생리적인 욕구를 해결하

---

89) 아파트 [apartment] (한국민족문화대백과, 한국학중앙연구원)[네이버 지식백과]

는 '문명의 진보'를 볼 수 있었다. 독일에서 설계했다는 평면만 보면 지금의 아파트와 별반 차이가 없다고 느낄 수 있겠지만 당시는 정치인이나 예술인, 교수와 같은 상류층이 주로 입주한 것으로 유명한 '고급' 주택이었다. 이 아파트가 채택한 독일식 평면은 이후 아파트 건립에 영향을 미쳐 우리나라 아파트 평면 유형의 시작점이 되었다. 이렇게 시작된 아파트 평면은 시대를 거쳐 발전하기 시작하여, 현재까지도 일본 아파트 평면과 다른 우리만의 평면으로 정착되기 시작했다. 이 건물에서 최초로 '아파트먼트 하우스'라는 명칭이 소개되었고, 이후 아파트라는 말로 굳어지게 되었다. 이후 1959년에는 유림아파트와 같은 지역인 충정로에 개명아파트가 한 동 지어졌다. 종암아파트는 이제 우리의 시야에서 사라졌는데, 그 아파트가 있던 자리에 1995년에 새로 재건축한 종암선경아파트가 서 있다.

종암아파트(1958)

1960년대 이후 한국의 경제 성장은 아주 급속도로 진행되었다. 경제 성장을 거듭하면서 서울을 비롯한 대도시에서는 새로운 일자리가 늘어났다. 농사짓는 것을 그만 두고 일자리를 찾아 서울로 이주하는 사람들도 같이 증가했다. 마치 19세기 유럽의 산업 혁명 시대와 유사하게 도시화가 진행되기 시작하였다. 그로 인하여 서울의 주택난은 심각한 상태에 빠지게 되었다. 정부는 1960년대 중반 이후 도시에 아파트를 대량 공급하고, 농촌에는 주택을 개량하는 주택 공급 정책을 추진하였다. 초창기에는 아파트를 지을 만한 사업 능력을 갖춘 민간 건설업체가 부족했기 때문에 아파트는 공공 부문에서 주로 공급하였다. 서울시는 도심 인근의 노후 불량 주거 지역에 사는 도시 서민들을 위해 시민 아파트를 짓고, 대한주택공사는 중산층을 대상으로 고급 아파트를 주로 공급하였다.

한국에서 최초로 단지 형태로 건설된 아파트는 1962년에 준공된 서울의 마포아파트이다. 1950년대 후반에 건립된 행촌아파트, 종암아파트, 개명아파트 같은 아파트는 단지 형태를 갖추지 못한 단독 건물의 형태의 아파트였지만 마포아파트는 단지 형태를 갖추었다. 마포아파트 단지의 경우 같은 시기 영국의 셰필드Sheffield아파트를 본뜬 것으로 보이며, 마포아파트 건설 계획에 미국인 고문들이 참여했다. 건축가 파브르는 "마포아파트의 건설 공사는 대한주택공사 창립과 같은 해에 시작되었는데 그 건설 계획은 외국에서 설계·시공된 계획을 모방한 것 같다."라고 말했다.[90] 마포아파트 단지는 형태나 배치에 있어서 르 코르뷔지에의 계획안Tower in the Park에서 많은 영향을 받은 것으로 보인다.

마포아파트(1962)

 원래 마포아파트는 한국 아파트 최초로 엘리베이터를 설치하고 중앙난방 시스템을 갖추고, 층수도 그 당시로서는 고층인 10층 규모로 건설될 예정이었다. 그러나 지반이 연약하여 당시 건축 기술로는 고층 아파트를 짓기에는 위험 부담이 따른다는 진단을 받고 건축 계획을 변경하였다. 그리하여 10층 규모에서 6층 규모로 층수를 줄이고, 엘리베이터를 설치하지 않기로 하고, 난방도 개별 연탄보일러로 하는 것으로 내용이 대폭 축소되었다. 물론 이 정도만 해도 1962년 당시 기준으로는 상당히 획기적이었다. 이런 우여곡절 끝에 마포아파트는 6층짜리 건물 10개 동

90) 발레리 줄레죠(Valérie Gelézeu) 지음, 길혜연 옮김, "아파트 공화국", 후마니타스, 2007, p.160.

이 지어졌고(Y자형 6동, 一자형 4동), 여기에 642가구가 입주했다. 마포아파트에는 서구식 건축 양식의 한 형태로 알려진 거실과 발코니가 있었다. 마포아파트는 본격적인 아파트의 시대를 여는 출발점이 되었다. 그 이후 우리의 주거 문화는 급속한 변화를 경험했다. 이 아파트 단지는 평면이 Y형으로 되어 독특한 모양을 가졌고, 나무를 많이 심어 녹지를 최대한 확보하였다. 단지의 구성이 지금 한국의 아파트보다는 유럽의 초기 아파트 콘셉트에 가까웠다. 최초로 개별 세대에 연탄보일러를 설치하였고, 수세식 변기를 사용하여 상류층이 입주하게끔 고급 주택으로 지어졌으나 처음에는 예상외로 인기가 없었다. 이 아파트를 둘러싸고 각종 문제가 제기되었는데, 세대 내에 설치된 연탄보일러 때문에 가스 중독의 위험이 있다고 하여 모르모트guinea pig(실험용 쥐)로 실험을 하기도 했다. 가스 중독의 위험이 없다는 실험 결과가 나왔지만 불안이 가시지 않자 현장 소장이 직접 그곳에서 잠을 자는 해프닝도 있었다. 또한 수세식 변기를 여러 사람이 앉아서 사용하기 때문에 위생적으로 불결하다는 등의 말이 돌았다. 그럼에도 불구하고 얼마 가지 않아 우리나라 고급 아파트의 대명사가 되었고, 이 아파트를 시작으로 서울에 아파트가 유행처럼 번지게 되었다. 건축사적으로 기념비적인 이 아파트도 세월이 지나면서 낡아져 버려 1991년에 철거되었고 현재 그 자리에는 1995년에 주민이 조합을 이뤄 재건축한 마포삼성아파트가 들어서 있다.

　상류층과 중산층을 위한 아파트 개발도 서울 강남을 중심으로 진행되었다. 1970년대 초반부터 정부가 나서서 서울특별시의 한강변 지역 등을 개발하여 해당 지역들에 맨션아파트라 불리는 아파트 단지가 조성되기 시작했다. 동부이촌동에 백사장을 매립하여 외국인아파트, 공무원아파트를 비롯한 한강맨션아파트 등과 같은 현대적인 의미의 아파트 단지들이 완성되기 시작했다. 1971년부터 여의도를 개발하여 최초의 10층 이상의 고층아파트인 시범아파트를, 1972년부터는 반포동, 삼성동 등에 중산층들을 위한 주공 아파트들이 들어서며 아파트 개발 붐이 일기도 했다. 사실 1980년대 중후반까지만 해도 아파트를 소유하는 것은 물론 거주하는 것 자체가 부유층의 상징물이었다. 그 예로 1970년대에서 1980년대 중반까지 지어진 아파트의 구조를 보면 40평 이상 대형 평수에는 예외 없이 집 한 켠에 일명 식모(가사 도우미) 방, 가정부 방 등이 있었다. 침실, 거실 이외에 주방 옆에 조그만 1~2평짜리 쪽방이 설계되었는데, 그 방이 바로 가정부 방이었다. 그 당시 가족과 함께 기거하며 살림을 도맡아 하던 식모, 가정부들의 생활상을 반영했던 설계였다. 요즘에는 파트타임으로 파출부가 주로 가사일을 도와주어 이전에 가족과 함께 살며 일하는 가정부는 사라지고 있다. 지금도 싱가포르와 동남아 일부 대도시에 있는 고급 아파트 단지 평면에서는 가사 도우미 방을 설치되고 있는 것을 볼 수 있다.

부유층들이 입주한 지은 오래된 아파트 중 일부는 입주자의 경제적·사회적 지위를 고려해 요즘 짓는 아파트보다 더 골조가 튼튼하고 조경이 잘 갖춰진 곳도 있다. 특히 고급 아파트의 경우 동 간격이 넓고 방 크기도 크고 층간 소음도 거의 없다. 사실 층간 소음은 공학적으로 벽식 구조에서 거실보다는 방 사이 폭이 좁은 작은 방에서 심하게 나타기 때문이다. 이를테면 압구정 현대아파트 76동 80평형은 방이 6~7개나 된다.

마포 지역 아파트 단지 모습 ⓒ 최권종

    1970년대 중후반쯤 되어서 잠실 벌판이나 화곡동, 둔촌동, 개포동 등지에 대규모 아파트 단지를 세우면서 본격적으로 서민층들을 위한 아파트의 보급 또한 시작되었다. 이후의 아파트 발전은 민간의 역할이 컸다. 강남 고급 아파트의 대명사인 압구정 현대아파트와 강남 붐을 주도한 대치동 은마아파트가 대표적이었다. 높아지는 소득 수준에 맞춰 점점 구조는 더 편리하게, 공간은 대형화되었다. 인테리어는 속칭 '강남 아줌마'들의 입맛에 맞는 인테리어가 입소문과 잡지를 통해 표준적인 아파트 인테리어로 굳어지기도 했다.

    21세기 들어서부터는 이른바 '고급형 아파트'라 하여 각종 헬스장, 독서실, 사우나 등의 커뮤니티 편의 시설들을 잔뜩 배치하고 화려한 조경을 만들어서 고급스러움을 내세우는 아파트 브랜드도 속속들이 등장하고 있다. 2000년부터 정보통신부가 아파트 통신 회선 구비 상황에 따라 초고속 정보 통신 건축물 인증을 할 수 있도록 한 제도를 통해 아파트의 등급을 매기기도 했다. 이제는 정보화가 매우 진척이 된 덕분에 거의 모든 아파트가 정보화 시설이 잘 갖추어 편리한 생활을 하고 있다.

6장 우리나라 아파트

3
우리나라의 공동 주택 구분

우리나라에서는 공동 주택에 대한 명칭이 연립 주택, 빌라, 맨션, 아파트와 같이 혼용되어 사용되고 있다. 일본의 경우 고층 아파트를 맨션이라고 호칭하였으나 우리나라에서는 1970~1980년대 초창기에 고급 아파트를 강조하기 위하여 맨션이라는 이름을 사용하기도 하였다. 빌라는 외래어를 갖다 붙여 건물이 고급스럽게 느껴지도록 해 아파트 분양을 쉽게 하기 위하여 붙였는데, 지금도 저층 연립 주택에 사용되고 있다.

아파트

아파트란 한 채의 건물 안에 독립된 여러 세대가 살 수 있게 지어진 공동 주택을 말한다. 건축 대지를 여럿이 공유하고 건축 공사비를 절약하고, 협소한 국토를 효율적으로 이용할 수 있는 이점이 있다. 아파트란 용어의 어원은 사전에서 찾아보기가 어렵다.

세진출판사에서 발간한 "아파트백과"에서는 '아파트의 원래 명칭은 Apartment house로 그 유래는 미국 남서부의 뉴멕시코 주와 애리조나 주에서 아파치Apache족들이 외적을 방어하기 위해서 집단으로 거주지를 만들면서 생겨난 것이 아파트의 유래라고 할 수 있다.'[91]라고 소개하고 있으나 다른 문헌에서 그와 유사한 내용을 찾아보기 어렵다. 우리나라에서는 Apartment[92]를 줄여서 아파트라고 부르는데, 미국에서는 콘도미니엄Condominium이라고도 부른다. 영어로 Condominium은 우리나라의 아파트나 콘도를 말하고, Apartment는 우리나라의 월세와 같은 것을 말하는 것을 말한다. 영국에서는 플랫Flat이라고 일반적으로 호칭한다. 일본에서는 공동 주택을 흔히 맨션Mansion이라고 불렀다.

맨션의 본래 의미는 대저택, 즉 대지주의 저택인데 우리나라에서는 공공의 공동 주택에 대하여 분양 촉진을 위하고 호화로움을 연상시키기 위한 호칭으로 사용하였다. 저층 아파트에 비해 홀이나 엘리베이터 등을 갖추고 장식을 호화스럽게 하여 보통의 아파트보다 품질이 높다는 것을 표시하려고 사용하였으나 최근에는 거의 사용하지 않는다.

아파트란 하나 또는 그 이상의 방으로 이루어지는 1세대용의 독립된 주호住戶가 한 건물 안에 입구 계단 또는 복도 등을 공용하고 여럿이 모여 있을 때, 그 하나하나의 주거를 아파트먼트라 하고, 그 건물을 아

---

[91] 세진사, "아파트백과", 세진기획, 2006, p.1

[92] 속설: 프랑스에서 아파트는 아파트먼트(apartment)의 약칭으로, 이는 불어의 아파르트멍(appartment)에서 유래한다고 한다. 17, 18세기의 프랑스 대저택들도 몇 개의 공간군으로 나뉘어져 있었다. 그 중 대식당-갤러리-객실-서재 등과 같이 공적인 공간으로 묶인 아파르트멍 데 파라데(appartment de parade, 과시적 공간), 혹은 대기실-가족실-침실-의상실 등과 같이 사적인 부분으로 묶인 아파르트멍 데 소시에테(appartment de societe, 친밀한 공간) 등이라 한다. 이와 같이 주택 내에서 성격이 다른 공간군을 묶어 아파트먼트이라 하는데, 이후 공동 주택에서 개별 세대를 말하는 아파트먼트로 불리게 된 것이다. 즉, 아파트먼트란 거대한 공동 주택 내에서 개별로 나뉘어 진 작은 집을 말하는 것으로 apartment 라고 한다.

파트먼트 하우스라고 한다. 우리나라 건축법 시행령에서는 5층 이상의 공동 주택을 아파트라 규정하여 4층 이하의 연립 주택과 구분하고 있다. 아파트는 단독 주택을 여러 채 겹쳐 놓은 것인데, 주택을 집합시켜 고층화하면 여러 가지 이점이 있다. 특히 한국의 경우는 국토가 대부분 산이어서 농경지를 제외하면 사람이 모여 살 만한 대지가 넉넉하지 않기 때문에 단독 주택 대신 아파트로 지으면 건축 공사비를 절약할 수 있을 뿐만 아니라 도시의 평면적 확장을 방지하여 도로 등과 같은 공공시설을 위한 공간을 확보하는 등 협소한 국토를 효율적으로 이용할 수 있는 장점을 가지고 있다.

빌라

우리나라에서 건축물이 좀 더 고급스럽게 느껴지도록 부르는 빌라 villa는 건축법적으로 4층 이하의 연립 주택을 말한다. 원래 빌라는 시골의 저택, 별저別邸, 별장別莊 등과 같은 교외 주택을 이르는 말로, 그 원형은 고대 로마의 하드리아누스 황제가 로마 교외 티볼리Tivoli에 지은 하드리안Hadrian 빌라로 알려져 있다. 빌라의 일반적인 배치 형식은 넓은 대지에 정원과 농원農園을 조성하고, 그 가운데에 주변의 자연환경을 압도하는 모양의 건물을 세운다. 즉, 교외의 넓은 토지에 주거용 건물과 농장 및 그 부속 시설이 결합된 저택으로 건축되었다.

빌라는 이탈리아 르네상스기에 다시 성행하여 교외 지역에 별장 주택으로 지었다. 유럽의 빌라는 일반적으로 두 가지 유형으로 구분된다. 하나는 도시와 멀리 떨어진 농촌에 자리 잡은 토호土豪들의 경제적 기반과 일상생활을 영위할 수 있는 시설들이 모두 갖추어져 있는 거대한 농장農庄이다. 이런 빌라는 농장 안에서 농가와 구분하여 지은 규모가 크고 복잡한 별장이다. 이러한 유형의 빌라는 이탈리아어로는 빌라루스티카Villarustica, 영어로는 컨트리하우스Countryhouse, 프랑스어로는 샤토chateau로 불린다. 두 번째로는 귀족이나 대상인 등의 도시 부유 계층이 도시의 일상생활에서 잠시 벗어나 휴양을 위해 머무는 거처를 말하는데, 가까운 도시에 이들이 상주하는 원래의 저택이 있기 때문에 소박하고 작은 것이 보통이다. 이러한 유형은 이탈리아어로 빌라 수부르바나Villasuburbana나, 프랑스어로는 빌레쥐아튀라Villegiatura로 불린다. 그러나 건축가 브라만테[93]의 Villa Belevedere처럼 궁전에 부설되는 형식으로 조영된 경우에는 규모가 대단히 크다.

  아파트와 빌라는 건축하는 환경 조건(위치, 규모, 층수, 부대 시설 등)이 다르지만 좁은 공간에 집약적으로 마을을 이루어 살아가는 공동 주택이다. 현재 우리나라에서는 '빌라'를 도시 지역의 고급 연립 주택을 지칭하는 말로도 쓴다. 주로 협소한 대지를 잘 이용하여 연립 주택을 짓고 분양하면서 빌라란 용어를 흔히 붙여 써 왔다.

---

93) 브라만테(Donato Bramante, 1444~1514)는 이탈리아 건축가로 1504년 이후 성베드로대성당의 주임 건축가가 되어 집중적인 기본 평면을 제작했다.

7장
아파트 발코니

아파트 발코니의 역할은 다양하다.

고층의 한정된 주거 공간의 숨통 역할을 하며
외부로 향한 탁 트인 공간이다.

발코니는 생활의 보조 공간이면서 위기 발생 시
대피 공간으로 역할하고, 휴식과 식물 재배 등
여유를 즐길 수 있는 공간이기도 하다.

외부로 돌출한 발코니는
건물 외관을 장식하는 디자인 요소로 중요하며
잘 디자인된 발코니는
도시의 미관을 향상시킨다.

한편 발코니 확장은
내부 공간만 넓히는 효과가 있으나,
도시와 건축의 가치를 무미건조하게 만든다.

7장 아파트 발코니

1
아파트 발코니의 시작

공동 주택에서 발코니는 전용 공간과 외부 공간을 매개하는 필요 공간이다. 매개 공간은 1920년대 독일 조경 건축가 미거I. Migger가 발코니를 집과 외부인 정원 사이에 놓이는 공간이라고 말하며 '외부 정원과 같은 집', '집과 같은 외부 정원'이 동시에 구현될 수 있는 공간적 특성을 갖는다고 정의하였다.[94]

발코니는 로마의 도무스 주택과 같은 적층형 건물에서 옥외 공간 확보를 위해 시작되었다. 주거 생활의 필요에 따라 자연 발생적으로 발코니가 설치되었으며, 또한 지역의 자연환경에 따라 다양한 형태로 발전해 왔다. 그러나 유럽에서부터 시작한 대단지 주거 단지인 아파트에 현대적 개념의 발코니를 설치하는 경우는 매우 드물었다. 현대식 주거용 발코니가 본격적으로 나타나기 시작한 것은 대략 100년 전이라고 할 수 있다. 독일의 경우, 발코니는 1920~30년대 제1차 세계 대전 전후에 채

---

[94] 지수인, '1990년대 이후 유럽 공동 주택 발코니 유리 피막의 구성 방식에 관한 고찰', "대한건축학회 논문집" 29(8), 2013, p.38(Faller, ibid. p.154 재인용)

텔아비브 바우하우스 스타일 건축물

광, 환기, 일광을 중시하는 위생적 주거 개념을 기초로 설치되기 시작히였다.95) 이후 현대식 공동 주택에 발코니가 도입된 것은 1930년에 미국에서 'The Majestic 115 Central Park west'라는 건물에 설치했던 침실 앞의 유리벽으로 둘러싸인 일광욕실Solarium이다.96)

독일 바우하우스Bauhaus97) 출신 건축가들은 발코니를 건축의 중요한 디자인 요소로 삼았다. 발코니로 도시를 변화시킨 사례로 이스라엘 텔아비브를 들 수 있다. 새로운 건축 교육으로 현대 건축의 방향을 제시하는 데 크게 이바지한 이 학교는 제2차 세계 대전 발발 후 나치에 의해 폐교가 되는 운명을 맞이했다. 폐교(1933년)후 바우하우스의 유대인 건축가들은 이스라엘로 대거 이주하였고, 이들의 영향으로 텔아비브에

---

95) 지수인, '1920·30년대 독일 공동 주택 발코니의 공간 구성 특성에 관한 고찰', "대한건축학회 논문집" 30/10, 2014, p.3, 8.

96) 홍승택, '최근 국내 아파트 발코니 경향에 관한 사례 연구', 경기대학교 석사학위 논문, 2006, p.8~11.

97) 100년 전(1919년) 독일 바이마르에 디자인 학교 바우하우스(Bauhaus)가 설립되었다. 건축의 사조를 새롭게 변화시킨 바우하우스는 창립 100주년을 맞이했다.

바우하우스 건축 양식을 급속도로 전파하여 4,000여 신축 건축물들이 거리를 가득 채웠다. 특징이 없는 텔아비브 건축에 바우하우스 출신 건축가들은 텔아비브 현지 상황에 융합하도록 햇빛과 공기가 통할 수 있게 건물의 지주를 들어 올리고, 발코니를 첨가하는 등 실용성을 가미한 건축물을 지었다. 발코니는 이스라엘의 건축물에 열린 공간을 만들어 내고 생기를 불어넣은 새로운 건축 요소로 등장하였다.

공동 주택에서 발코니는 지면과 떨어져 있는 아파트의 단점을 보완하여 전통 주택의 마당과 같은 역할을 하여 정서적 안정에 도움을 주는 것은 물론, 화초 등을 놓아 녹화 공간을 조성하여 공기도 정화하고 또한 외부로부터의 시선을 차단하는 효과도 볼 수 있는 자연 친화적 공간이다. 우리나라의 경우 공동 주거의 발코니는 시대에 따라 사용자와 법제도의 변경에 따라 유난스럽게 많은 변화를 겪었다. 우리 공동 주택의 발코니는 독특하게도 국토교통부 장관이 정하는 기준에 적합하면 필요에 따라 거실·침실·창고 등의 용도로 사용할 수 있다.[98]

박철수 교수는 일간 신문에 기고한 글에서 우리나라 아파트의 발코니에 대해 다음과 같이 말했다.

> 1960년대의 마포아파트나 1970년대의 맨션아파트가 대부분 거실에만 발코니가 설치되고 그것도 법령에서 엄격하게 정의하고 있는 그대로 내부와 외부를 연결하는 완충 공간으로서 역할을 하였을 뿐, 새시를 설치를 전혀 하지 않았다는 사실은 반세기가 훨씬 지난 요즘이 오히려 과거에 비해 퇴행적이거

---

[98] 건축법 시행령, 제2조 14항

일본 아파트의 발코니 ⓒ DAUM.NET 한국 아파트의 발코니 ⓒ 최권종

나 천박함이 노골화되었다는 점을 보여 준다. 핵심은 이들 용어를 가려 쓰자는 것에 있지 않다. 보다 중요한 것은 이웃하는 집과 연결되는 부분을 철저하게 막고 거실 방향으로 외부 공간에 트인 부분 모두에 새시를 설치한 뒤 유리 분합문을 달아 나와 가족만의 오롯한 내부 공간으로 전용하는 것이 불변의 습속으로 자리하였다는 것이다. 게다가 오랜 시간 동안 불법으로 간주해 국토교통부와 지방 자치 단체의 강력한 단속 대상이 되었던 일이 어느 날 갑자기 합법으로 바뀌어 우리들을 어리둥절하게 하는 일이 온당한 것인가를 자문해 보자는 것이다. 규제가 국민의 안녕과 공공성의 유지를 위해 필요하다면 원칙에 따라 강력하게 유지되어야 한다. 하지만 불안과 염려를 도외시한 규제 완화는 예기치 못한 재난의 빌미가 된다는 사실을 우리는 끊임없이 학습하고 있다.

"신도시 구석구석이 대개 그렇듯 아파트와 오피스텔, 모텔, 주상 복합 건물들이 뒤섞여 떠도는 풍경들이 지나갔다. 그녀 가족이 살고 있는 아파트 단지 주변과 다를 것 없는, 따라서 조금도 낯설 곳 없는 그곳이 어디쯤인지 그

녀는 전혀 가늠이 안 되었다. 대충 좌회전이나 우회전을 해 들어가면 자신들이 사는 아파트 단지일 것 같은 기분이 들기도 했다." 김숨 작가의 소설 "그 밤의 경숙"에 등장하는 묘사다. 개별적 삶의 표정이 드러나지 않는 납작한 사회 공간. 그 심연에 반세기 전 등장한 테라스와 선룸의 변형인 퇴행적 '발코니'가 도사리고 있다.[99]

우리나라 아파트 발코니의 사정은 사실 발코니에 대한 건축 규정도 매우 중요하지만 건설업자들이 아파트를 지어 더 많은 이윤을 남기기 위해 발코니 확장을 조장하는 탓도 있다. 더 좋은 공동 주택 환경을 위하여 단위 세대에 입주하여 삶을 영위하는 사람들에게 쓰임새가 좋은 발코니를 만들어 제공하여야 한다.

---

[99] 박철수, '박철수의 거취와 기억(11): 나만의 공간 욕망, 길이 1.5m 발코니를 집어삼키다', 경향신문, 2016.10.24.

7장 아파트 발코니

2
우리 아파트의 발코니 스토리

　우리나라에서는 1958년에 종암아파트를 시작으로 아파트가 본격적으로 건립되기 시작하였다. 여기에 현대식 발코니가 설치되었다. 종암아파트[100]는 독일에서 설계를 하였으며 주방과 거실이 분리되었다. 독립된 거실이 전면에 위치했으며, 주방은 바닥을 낮게 하여 다른 공간과 분리되게 현관 옆에 설치하였는데 이곳에 재래식 아궁이를 설치하였다. 식당 공간은 따로 만들지 않았고 좌변기가 놓인 화장실이 처음 설치되었다. 방은 거실보다 3단 높은 온돌식으로 발코니까지 갖추었다. 이와 같이 서양식 입식 구조와 전통 좌식 구조가 공존했던 상황을 '단이 높은 안방에서 발코니를 통해 내려다보는 공간감은 예전 마루에 걸터앉아 마당을 내려다보던 시각'과 유사해[101] 묘한 한국식 정취를 남긴다. 엉덩이를 떼지 못하게 하는 따뜻한 온돌이, 집집마다 빨래가 바람에

---

[100] 종암아파트는 미국 자본의 지원을 받고 시공은 우리나라 중앙산업이 하였다. 재건축으로 바뀌어 1993년 철거되고 1995년 종암선경아파트(SK아파트)가 들어섰다.

[101] 장림종·박진희, "대한민국 아파트 발굴사-종암에서 힐탑까지, 1세대 아파트 탐사의 기록", 효형출판, 2009.

나부끼는 발코니가 빛 잘 드는 남향으로 개천을 바라보는 모양새가 정겹다.

유림아파트가 우리나라 최초의 아파트라고 불리나 거기에는 발코니가 붙어 있지 않았다. 마치 중국의 복건성에 있는 토루처럼 내부의 복도가 통로로 쓰여 발코니와 같은 역할을 일부 하였을 것이다. 1958년에 최초로 우리 손으로 지은 종암아파트가 건축되면서 전면에 발코니를 붙이는 설계가 시작되었다. 1959년에 지어진 개명아파트에 거실 전면에 창대를 바닥까지 내리지 않고 문을 통해 출입하는 조망과 휴식을 위한 독립 공간으로 발코니가 최초로 등장하였다.[102] 개명아파트는 종암아파트와 마찬가지로 2LK(두 개의 방 + 거실 + 주방)로 구성되었는데 거실의 한쪽 면에 장독대를 만들고 그 옆에 거실과 침실의 전면에 걸쳐 발코니가 설계되었다. 발코니는 현재와 같이 거실의 창대가 바닥면까지 내려와 쉽게 발코니로 출입할 수 있는 형태가 아니고 여닫이문을 통해 나가는 별개로 구획된 공간으로 설계되었다.

우리나라 아파트에서 발코니가 첫 선을 보인 건 종암아파트이지만 대중화한 것은 1960년대 지어진 마포아파트로 알려져 있다. 일반적으로 보편적 용어인 '베란다'라고 불리는 당시 발코니는 '높은 건물의 돌출된 공간에서 아래를 훔쳐보거나 바라볼 수 있는 이국적인 공간'이란 인식과 함께 아파트에 사는 사람들은 곧 중산층이란 인식도 싹트기 시작했다.

---

[102] 성병인 외, '공동 주택 발코니 공간 전용에 따른 문제점 및 설계 개선 방향 연구', "대한건축학회 논문집" 26(12), 2010, p.238.

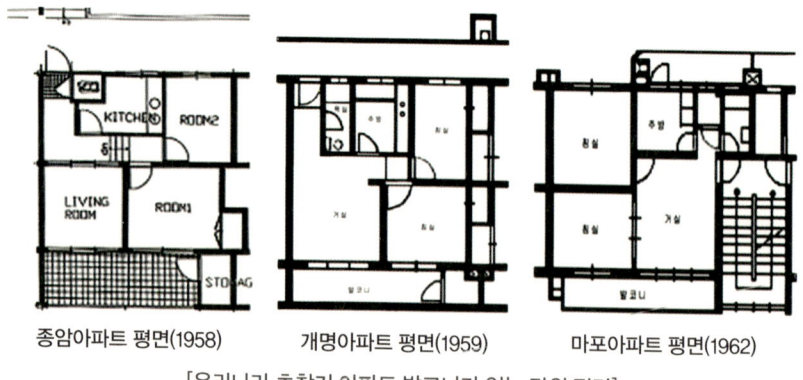

종암아파트 평면(1958)　　개명아파트 평면(1959)　　마포아파트 평면(1962)

[우리나라 초창기 아파트 발코니가 있는 단위 평면]

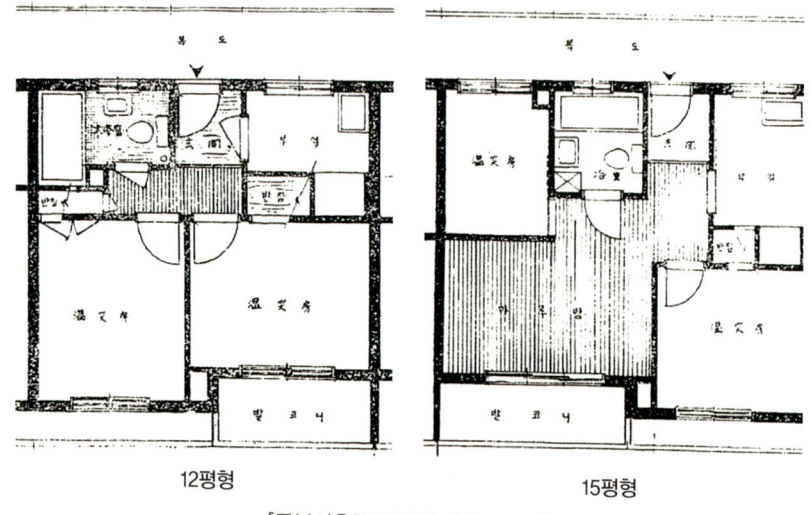

12평형　　　　　　　　　　15평형

[동부이촌동 공무원 아파트 평면]

    1965년 당시 정부는 동부이촌동에 59동(1,926세대/9,630명을 수용)의 공무원 아파트[103]를 아파트 짓기로 하였다. 당시 1965년 한국 통계 연감에 따르면 전국 공무원 수는 29만4,992명에 달했는데 이 가운데 53%가 무주택자(당시 15만 명)였다. 이에 정부는 공무원 복지를 위해 15만 호의 공무원을 위한 주택을 건설해야 하는 상황이 되었다. 단독 주택이 아닌 아파트를 지은 것은 당시 우리나라 인구 밀도가 세계 4위로, 토지 이용상 단독 주택보다 아파트가 효율적이라고 판단하였기 때문이다. 이러한 계획 아래 부산, 대구, 광주, 대전에 공무원 아파트를 건립하였다. 이때 당국에서는 아파트 평면의 특징을 '내부 시설은 주거 단위 마다 수세식 변소 겸 욕실을 갖추고, 온돌로 난방을 하며, 주부가 식모 없이 피로를 느끼지 않고 가사를 돌볼 수 있으며, 현관문 열쇠만 잠그면 안심하고 외출할 수 있어 문화인으로서의 생활을 즐길 수 있을 것'이라고 강조하였다. 더불어 '무주택 공무원의 주거 문제 해결뿐만 아니라 국민에게 시범적이며 선도적 주택 문화를 보여 주는 데 더욱 의의가 있는 것으로 생각 된다'라고 하였다. 12평형은 방이 2개로 구성되어 있으며, 발코니는 온돌방 전면에 설치하였다. 부엌에서 식사를 조리해 안방에서 식사하던 옛 주택 구조와 유사했으며 세탁물 건조 등을 발코니에서 하였을 것으로 추정된다. 15평형은 방 2개 외에 마루방이 추가로 설치되어 있어 가족이 모이는 사랑방 기능을 했으며, 마루방 앞에 발코니를 설치하여 세탁물 건조는 물론이고 거실의 연장 공간으로 휴식을 취하는 것이 가능했을 것으로 추정된다.

103) 1966년 아파트 기공식 당시에는 공무원 연금을 재원으로 세워진 아파트는 4층짜리 건물 8개동으로 다음해 4월 완공됐다. 아파트 값은 39.6㎡(12평)이 65만 원, 49.5㎡(15평)이 81만 원이었다. 입주 자격은 공무원 무주택자로 입주금 50%를 일시에 내고, 나머지 50%는 연리 4%로 20년간 월부 상환 했다. 용산의 공무원 아파트 규모는 계속 확대됐는데, 아파트 가격의 50%에 이르는 입주금을 감당하지 못한 공무원이 전세를 주는 경우가 많았다고 한다. 한강을 끼고 있던 공무원 아파트는 1990년대 말 대부분 재건축됐다.(서울신문, 2017.8.27.)

스토리가
있는
발코니

1970~2010년대를 거치면서 우리나라 아파트 발코니는 주택 관련 기관과 건설업자의 단위 평면의 상품화 과정을 거치면서 변화가 있어 왔으며, 사용자의 의식과 건설 전문가들의 의견, 당 시대에 맞는 여건이 반영된 건축 관련 법 개정의 영향으로 많은 변화를 겪었다.

아파트 발코니 관련 제도의 변동 사항

시기	변동 사항
1960년대	• 돌출형 발코니 일반화: 거실 앞부분에 부분적 발코니 설치
1970년대	• 서비스 면적 확대로 선호도와 분양성 증가를 위해 발코니 면적 확대 • 전면 연속형과 돌출형 발코니 공존: 공공 아파트 단지는 주로 거실 앞에만 설치 → 돌출된 개방 공간으로 인식 • 발코니 공간 바닥 면적 산정 제외 규정 제정(1973. 9): 발코니 면적이 외곽선으로부터 수직 지붕에 이르는 면적의 1/2 이하일 경우 바닥 면적에 산입하지 않음.
1980년대	• 공동 주택의 경우 발코니 면적 산입 제외 규정 신설: 외벽으로부터 1.2m 길이까지 면적 산입 제외(1986), 외벽으로부터 1.5m 길이까지 면적 산입 제외(1988) • 발코니 새시 설치 일반화: 에너지 손실, 소음 등 문제로 새시를 설치하여 발코니를 내부 공간화함.
1990년대	• 새시 설치 허용: 발코니에 새시 창을 설치하여도 바닥 면적에 산입 않음. → 발코니 면적 경쟁적으로 이용 극대화(전면 연속성 발코니)
2000년대 초기	• 아파트 외관 개선을 위해 발코니에 간이 화단 설치 권장: 발코니 면적의 15%에 간이 화단 설치 시 기존 1.5m에서 2m까지 허용(2000년 제정, 2005년 폐지) • 서울시 공동 주택 발코니 새시 설치 의무화(2003. 12) • 견본 주택 발코니 확장 금지 • 발코니와 거실 사이 구획을 위한 창문 등 외벽 설치(2004. 1. 26) • 확장형 발코니 일반화: 발코니 확장을 고려한 평면으로 분양
2005. 12	• 관련 법령에 따른 소방, 안전의 설계 기준 및 구조 변경 시 발코니 내부 공간의 합법화, 탈법 및 불법적인 발코니 구조 변경을 방지할 목적으로 발코니 확장의 합법화(건축법 시행령 제2조 및 46조)

전면에 발코니 설치(개포1단지 아파트)　　　배면에도 발코니 설치(구반포 아파트)

　1960년대에는 거실 앞부분에 부분적 발코니를 설치하는 돌출형 발코니가 일반적이었다. 1973년 9월에 발코니 공간이 '발코니 면적이 외곽선으로부터 수직 지붕에 이르는 면적의 1/2 이하일 경우 바닥 면적에 산입하지 않는' 것으로 건축법이 개정되면서 평면에 따라 발코니 형태도 변화하였다. 외벽에 부분적으로 설치해 오던 발코니는 복도형 아파트(1970~80년대)가 평면 설계의 영향으로 전면에만 설치되기 시작하였고, 외벽으로부터 폭 1.2m 이하까지 면적에 제외해 주던 기준을 1988년부터 외벽으로부터 1.5m로 변경하여[104] 발코니 폭이 넓어지기 시작하였다. 그 후 1990년대에는 발코니에 외부 새시를 설치하는 것도 허용해 주기도 하였다. 2005년 12월에는 여러 상황을 고려하여 탈법적이고 불법적인 발코니 구조 변경을 방지할 목적으로 발코니 확장을 합법화하였는

---

[104] 주택의 발코니 등 건축물의 노대 그 밖의 이와 유사한 것(이하 "노대 등"이라 한다.)의 바닥은 난간 등의 설치 여부에 관계없이 노대 등의 면적(외벽의 중심선으로부터 노대 등의 끝부분까지의 면적을 말한다)에서 노대 등이 접한 가장 긴 외벽에 접한 길이에 1.5미터를 곱한 값을 공제한 면적을 바닥 면적에 삽입한다.(건축법시행령 119조 1항3호 다목)

발코니 확장을 이용한 아파트 설계 사례(전용 용 85㎡, 용인H시티)

데, 이는 아파트 설계에 큰 변화를 주는 조치가 되었다. 건축법 시행령 제2조 1항 15호를 신설하여 '발코니라 함은 건축물의 내부와 외부를 연결하는 완충 공간으로서 전망·휴식 등의 목적으로 건축물 외벽에 접하여 부가적으로 설치되는 공간을 말한다. 이 경우 주택에 설치되는 발코니로서 건설교통부 장관이 정하는 기준에 적합한 발코니는 필요에 따라 거실·침실·창고 등 다양한 용도로 사용할 수 있다.'라고 규정하여 발코니에 대한 새로운 해석을 제시하였다.

국민 주택(85㎡ 이하) 규모의 아파트가 복도형 대신 계단실형 평면으로 변화한 뒤에는 전·후면에 발코니를 설치하여 주방 및 다용도 보조 역할을 하는 유용한 서비스 공간으로 활용되었다. 그동안 전면 폭이 2Bay~3Bay 구조로 설계되어 왔던 단위 평면 형태가 발코니 확장 허용 후, 발코니 확장을 전제하여 국민 주택 규모(85㎡ 이하) 평면도 4Bay 평면으로 전면 폭을 넓게 설계하여 오고 있다. 이러한 결과로 발코니가 실내 공간으로 확장하는 공간으로 주로 쓰이고 있다.

3
생활 공간에서의 발코니

공동 주택에서 발코니 공간은 외부와 내부를 공유하는 공간으로 많은 기능을 가지고 있으며 실생활에 꼭 있어야 할 공간이다. 우리나라의 경우 공동 주택에 발코니를 도입할 때, 초기 개념은 생활 기능의 발코니living balcony와 서비스 기능의 발코니service balcony 등으로 구분할 수 있다. 생활 기능적 측면에서 보자면 아파트의 발코니는 자연 외기와 접촉할 수 있는 사적 공간으로, 주변 경치를 조망하고 일광욕을 즐기며 휴식할 수 있고 그 밖에 놀이를 하거나 세탁물 건조, 화초 재배 등을 위한 장소로 활용할 수 있다. 서비스 공간으로서의 발코니는 생활 기능 외에 부수적인 기능을 담당하는 공간으로 부엌과 연계하여 생활의 부수 작업을 할 수 있고 가사 작업 공간(세탁, 수납, 창고) 등으로 다양하게 활용할 수 있다.[105]

1980년대 중반 이후 아파트 단위 세대 평면이 개선되어 다용도실이

---

[105] 김민규, '공동 주택의 대피 공간 및 비확장 발코니의 계획에 간한 연구", "대한건축학회 논문집" 계획계 25(8), 2009, p.146.

점차 사라지고 발코니가 그 기능을 대신하는 것으로 변해 왔다. 그로 인하여 발코니는 수납공간의 부족을 해결하고, 부엌과 연계된 생활을 보조하는 기능이 강조되어 왔다. 그러다 보니 초기 발코니는 수납하는 공간과 가사 보조 공간인 다용도실 정도로 인식하는 경향이 있었다. 단위 평면 설계의 발전으로 발코니 설치 면적이 커지면서 발코니 공간의 의미는 전용 면적에 부가되는 서비스 면적이라는 의식이 보편화되었다. 그러나 발코니는 기능면에서 보면 단지 서비스 면적이라기보다는 다른 실들을 보조하는 필요 공간으로서의 의미를 갖는다. 발코니의 용도는 발코니가 접속된 실에 따라 다르게 나타나는데, 시간이 지나면서 접속된 실이 확대되면서 그 기능은 단순한 수납공간 개념에서 휴식, 취미 생활, 접대 공간으로 확장되게 되었다.

전면 발코니의 휴식 기능과 시각적 안전성

중세 이후 건축된 유럽 도시의 건축물에 개폐가 가능한 창호 하단에 발코니를 설치한 경우를 많이 보게 된다. 집무 공간에서 외부로 열리는 기다란 창문 주위에 안전 난간 역할 역할도 하고 화초 등 식물을 장식으로 놓아둘 수 있는 역할을 하고 있음을 알 수 있다. 물리적으로 자연과 이격된 아파트에서는 발코니 공간에 화초나 나무를 심는다거나 조그만 분수를 설치하면 생활 속에 자연을 끌어들여 생기 있는 거주 공간을 만들 수 있다. 고층 건물이 지면과 이격되어 고소 압박감에 대한 심리적인 부담감을 느낄 수 있으나, 바닥에 연장된 발코니가 있으면 심리적으로 편안하고 안정된 느낌을 준다. 또한 외부로부터의 시선이 차단되어 심리적인 안정감을 준다.

발코니는 대부분 실내 바닥면과 연결되어 설치되므로 고층 건물에서는 외부 조망을 위해 실내 바닥 공간을 연장해 주는 효과를 준다. 우리나라 생활 습관에 따르면 가족 공용 생활 공간으로 거실은 전면이 개방되어야 하기 때문에 거실에 발코니 설치가 요구된다. 그런데 최근 우리나라에서 건축되고 있는 아파트는 발코니를 확장을 하고 있어 발코니의 다양한 기능과 역할이 제약되고 있다.

전면 거실과 연결된 발코니는 주로 조망을 위한 공간과 거주자의 휴게 공간으로 쓰이고, 마당이 없이 외부와 동떨어진 생활 공간이지만 자연과 같이하려는 마음으로 화초 위주의 식물을 가꾸는 공간으로도 활용된다. 그리고 전면 발코니는 우리나라의 경우 대부분 남향 위주로 되어 있어 세탁물을 건조하기에 유리하다.

홍콩, 상하이, 마카오 등에 가보면 오래된 아파트이거나 작은 규모의 단위 세대에는 발코니가 매우 협소하거나 아예 설치되지 않아 대나무와 같은 긴 막대기에 세탁물을 걸어 외부로 길게 뻗어내어 빨래를 건조시키는 모습을 볼 수 있다. 상하이 사람들이 '습기'의 집약체인 '빨래'를 멀리하기 위해 창밖으로 빨래 건조대를 만들어 놓은 것은 어찌 보면 날씨에 적응해 사는 방법을 찾아낸 인간의 학습된 본능처럼 보인다. 이런 외부의 빨래 건조대들은 그들의 열망이 낳은 새로운 소유의 공간일지도 모른다. 누구에게도 간섭 받거나 규제 받지 않는 그들만의 공간인 것이다. 빨래 건조대는 우선 사각형의 철골 구조물로 만들어져 창 밖에 매달아 고정시키게 된다. 실제 빨래는 긴 대나무에 꼬치구이처럼 꿰어

런던 첼시 지구 아파트 발코니: 휴게 공간으로 사용 ⓒ 최권종 　　전면 발코니: 휴식과 부속 작업실로 사용

져 널린다. 이런 이유 때문에 바람이 불어도 떨어질 일 없다. 널리는 옷은 속옷부터 스웨터까지 다양하다. 다 큰 어른의 속옷이 사람들이 다니는 길거리에서 깃발처럼 펄럭거리는 것은 누군가에게 실례라면 실례가 될 것이고, 개인에게도 수치스러운 일이 될 수도 있겠지만, 상하이의 사람들은 개의치 않는 것 같다. 요즘 아파트에서는 이런 식의 빨래 건조대는 찾아보기 힘들다. 대신 발코니들이 만들어졌다. 사람들은 밖으로 공간을 확장하지 않고 안으로 수직 공간을 확장하는 것을 선택했다. 이젠 새로운 아파트를 건립하고 내부에 발코니를 만들어 건조 공간적으로 만들어진 그들의 공간에 만족하며, 또한 사적인 거주 생활을 들키고 싶어 하지 않는다.[106]

　연평균 기온이 높은 인도 뭄바이나 싱가포르 같은 지역은 전면 발코

---

[106] Ohmynews. 2009.3.8. 기사 인용

니에 미니 풀장을 계획하고 분양하는 광고가 있긴 하지만, 그렇다고 발코니에 미니 풀장을 쉽게 설치할 수 있는 것은 아니다. 전면 발코니가 풀장의 하중을 견디기 쉽지 않으며, 안전한 정도로 하중을 견디게 하려면 막대한 공사 비용이 들기 때문이다.

배면 발코니의 실내 공간 연장 기능

마당이 없는 아파트는 발코니가 내부 전용실 공간들에 연결되어 있으면 보조 공간으로 유용하게 활용할 수 있다. 한옥의 툇마루처럼 거실이나 침실의 연장으로 활용할 수 있을 뿐만 아니라 아이들 놀이터로 활용하고 대화, 휴식, 일광욕 장소로 활용하고 바깥을 바라볼 수 있는 등 거실에서 하는 생활의 보조 공간 및 연장 공간으로서의 기능을 한다. 또 수납공간으로 활용할 수 있는데, 아파트는 수납공간을 충분하게 확보할 수 없기 때문에 발코니를 수납공간으로 활용하지 않으면 각종 물건 때문에 생활 공간이 제대로 활용할 수 없는 일이 생길 수 있다. 세대 내에 각종 공간이 협소한 점은 발코니를 적절하게 활용함으로써 극복할 수 있다. 옥외 공간이 없는 아파트에서 베란다는 세탁 및 세탁물

주방 보조 공간으로 활용

세탁을 위한 공간으로 활용

건조 공간으로 이용되고 있으며, 장독대로 쓸 수도 있고 쓰레기나 재활용물품 등을 임시로 보관하는 다용도 공간으로 쓸 수도 있다.

발코니에 설치한 화분대

주방과 연결된 뒷면의 발코니는 전망과 휴식을 위한 공간이라기 보다는 주로 서비스 야드 역할을 하고 있다. 전상인 교수(서울대)는 그의 저서 "아파트에 미치다"에서 "아파트에서는 여성이 쓸 수 있는 공간이 확장되거나 격상하는 경향을 보여 주고 있다."라고 하였다. 즉 "1970년 초 아파트 부엌은 주방으로 승격했다. 주택 내부 공간에서 입식화된 아파트 부엌은 성적 불평등 감소를 극적으로 드러내고 있는 공간이 되었다."라고 이야기하고 있다.

조경 생활 공간으로서의 발코니

갑갑한 도시 생활에서 가끔 숨을 돌릴 수 있게 하는 작은 화단이 있는 공간은 곧 마당이었다. 마당의 추억이 희미해지게 된 건 아파트가 중산층의 사랑을 받으며 본격적으로 들어서기 시작한 1960년대부터다. 이후 우후죽순 들어선 아파트는 도심에서 마당 있는 집들을 떠밀어냈다. 하지만 아파트에서는 마당 대신 발코니가 그 역할을 하게 되었다. 용인에 사는 어느 주부가 "발코니에서 바깥 풍경 보면서 요가를 하면 자연 속에서 명상하는 기분이 들어요."라고 말하듯이 발코니는 현대인

르 코르뷔지에 Immeubles Villas

에겐 자연을 마주하는 작은 마당이자 집의 숨구멍이다. 급격한 도시화 속에 마당에 대한 향수를 그나마 달랠 수 있는 공간이 발코니다.

 마당이 있는 단독 주택에서는 화단을 만들어 화초를 심고 가꾸거나 나무를 심어 정원을 가꿀 수 있는 생활 환경이 있었다. 마당이나 화단이 없는 아파트 생활에서는 발코니에 화분 등을 놓아 화초를 기르거나 관상목 등을 키우며 취미 생활을 하고 더불어 집 안 분위기를 더욱 좋게 만들 수 있다. 스위스나 유럽 산간 마을 등에서는 2, 3층 주택의 발코니나 저층 아파트 발코니에 화분대를 설치하여 꽃들로 장식해 놓고 있다. 발코니 난간에 놓인 제라늄 화초를 심은 화분은 보기에도 즐겁지만, 제라늄 향기를 뿜어 숲속의 벌레들의 접근도 막아 준다.

 도심 아파트에 적극적으로 조경 공간을 도입하려고 시도하는 건축가들과 생태 환경 운동가들이 있다. 르 코르뷔지에가 1922년에 처음으로 제시한 집합 주택 모델의 단위 세대는 일반 주택과 별 차이가 없었다. 하지만 르 코르뷔지는 정형定型성을 추구한 주택으로 격자형 발코니를 설치하고 거기에 정원을 두었다. 그의 이뫼블 빌라Immeubles Villas는 세포와 같은 공동 주택들이 모인 집합 건물을 추구한 기획으로, 이 평면

발코니의 정원

밀라노의 보스코 버티칼107)

은 거실, 침실, 부엌과 외부 정원 테라스를 포함하고 있다. 3층 구조의 시트로앙 주택Maison Citrohan을 제안하였으며 여기에는 지붕에 햇볕을 쪼일 수 있는 테라스가 있다. 그는 이와 같은 개념으로 이뫼블 빌라를 상하로 중첩되게 계획하였다.

밀라노에 건설된 보스코 버티칼Bosco Verticale은 1.3m 폭의 발코니에 식물 정원을 설치하여 효과적인 친환경 건물로 만들어졌다. 이 프로젝트는 Via De Castillia와 Confalonieri 사이의 밀라노 역사 지구 복원의 일환으로 설계되었다. 이 건물은 2개의 주거 타워로 구성되어 있는데 가장 큰 것은 110 미터 높이의 26층 타워Torre E이고 작은 것은 76 미터 높이 18층 타워Torre D로 이루어졌다. 발코니에 심어 기르는 식물들은

---

107) 건축가는 스테파노 보에리이며, 스모그를 완화하고 산소를 생성하는 데 도움이 되는 3~6미터 크기의 나무가 있는 타워가 있기 때문에 Bosco Verticale라고 불린다. 2개의 건물에는 730그루의 나무(480개의 대형, 250개의 작은 것), 5,000개의 관목 및 11,000개의 다년생 식물과 지상 덮개가 있다. 원래의 디자인은 1,280개의 큰 식물과 50개의 종을 포함하는 920개의 짧은 식물을 지정했다.

산토리니

HABITAT 67

건물의 경관뿐만 아니라 외부에서 들어오는 소음도 약화시키는 역할을 한다고 한다. 디자인은 바람 터널에서 나오는 돌풍에 나무가 쓰러지지 않도록 하고, 흙과 식물의 무게를 잘 견디도록 디자인되었다.

싱가폴에 있는 마리나 베이샌즈를 설계한 건축가 모세 샤프디Moshe Safdie는 60년대에 학창 시절 미국 여행을 하면서 도시의 고층 빌딩과 교외의 저층 주거 단지를 둘러보았다. 모세 샤프디는 여행이 끝난 뒤 아파트를 새롭게 디자인해야 한다는 막연한 결심을 한다. 아파트의 새로운 미래를 모색하여 사람들에게 질 좋은 주택 단지를 만들어 공급하겠다고 다짐했다고 한다. 거주지에는 정원이 필요하고, 자연과 맞닿아야 하며 경제성을 위해 조립식으로 만들어야 한다는 구상을 가지고 1967년 캐나다 몬트리올에서 개최되는 만국박람회를 위해 HABITAT 67을 설계하였다.[108] 1965년 설계 당시 모세 샤프디Moshe Safdie는 29세의 무명 건축가였다. HABITAT 67은 지중해의 산토리니 섬이나 이탈리

---

[108] [TED 강연 내용] How to reinvent the apartment building, Moshe Safdie, 2014.

HABITAT 67(캐나다, 몬트리올)　　SKY HABITAT(2016, 싱가포르)

[Moshe Safdie 설계의 HABITAT]

아 구릉지 마을처럼 자연 친화적인 마을을 구현하려고 하였다. 이는 근대 건축과 근본적으로 다른 새로운 형태의 공동 주택이었다. 테라스 형식의 이 단지는 모든 주택의 옥상이 마당으로 사용되도록 하였고, 레고를 쌓듯이 354개의 큐브를 겹쳐 쌓아 입체적인 건물을 완성하였다. 컨테이너 박스를 연상시키는 큐브는 면적이 약 $46m^2$로 프리페브 콘크리트 공법으로 공장에서 제작해 현장에서 크레인으로 세대 당 2~3개의 큐브로 148호의 단위 주택을 조립했다. 당시에 모듈러화한 조립식 주택이었지만 각광을 받지는 못하였다.

그 후에도 각 세대에 정원을 끌어들이는 설계를 하였고 싱가포르에서는 SKY HABITAT를 완성하였다. 아래층의 지붕 단 차이를 이용한 테라스와 발코니에 정원을 꾸며 질 높은 주거가 실현되도록 설계를 하였다. 두 개 아파트 동을 연결하는 3개의 브릿지를 만들었는데 맨 위는 수영장과 휴게 정원으로 하고 아래 두 곳은 조경이 있는 휴게 공간으로 만들었다.

발코니 구조적 역할

▶ 처마 역할(외부와 완충 기능)

발코니는 도심지나 대로변의 경우 오염된 공기 유입을 막고, 소음을 차단하는 효과를 가져다준다. 발코니는 창문 주위에 설치되어 비가 오거나 눈이 올 때 창문 주위를 보호해 준다. 사람 얼굴로 치자면 창호는 눈이고 눈 주변을 눈썹이 보호해 주는 것처럼 발코니가 아래에 위치한 창문을 보호해 주는 처마 역할을 하고 있다. 또한 남향으로 배치된 아파트 발코니는 전통 가옥의 처마처럼 여름에는 햇볕을 가려 주고 겨울에는 햇볕을 깊숙이 받아들이는 역할을 한다. 이중 외피 공간 형성으로 결로를 방지하고 복사열을 차단하는 효과도 가져다주고 있다. 도심에서 배산임수背山臨水에 맞는 아파트 단지를 찾기는 현실적으로 어려우나 외부로 돌출된 발코니가 전통 가옥 남향집 처마와 같은 역할을 해 준다.

반대로 발코니를 확장하면 처마 역할을 하는 발코니 천장이 없어지고, 방이 바로 외벽으로 구획되어 바로 외부와 맞닿게 된다. 여름이면 뜨거운 태양 볕이 바로 들어오고 복사열이 벽체를 달구어 실내 온도를 높혀 생활에 불편함이 따른다. 또한 눈이나 비가 내릴 때 창문을 열어 놓으면 실내로 눈, 비가 들어온다. 이렇듯 발코니는 일사량도 조절되고 눈, 비, 태풍 등으로부터 실내 공간을 보호해 주는 역할을 한다.

대피 공간(안전성)

발코니는 외부에 부착되어 실내와 연결되는 구조로 되어 있어, 화재 등 재해 발생 시 외부로 열린 발코니가 대피 장소로 중요하게 이용될 수 있다. 실내 공간에서 위급한 상황이 발생하면 비상 탈출구 외에 외부 발코니가 있으면 위기를 모면하기 위해 이곳으로 무의식적으로 피신을 할 것이다. 사실 발코니를 개조하는 것은 대단히 위험한 행위이다. 화재가 발생하면 대부분 화상을 입어 사망하는 줄로 알지만, 실제 화상으로 사망하는 경우는 매우 드물고 대개 연기나 유독 가스에 질식되어 사망한다. 화재가 났을 때 아파트의 계단과 엘리베이터는 때에 따라서 연기와 유독 가스의 굴뚝 역할을 할 가능성이 있다. 아파트에서 불이 났을 때 대부분의 사람들이 현관문을 나와 계단이나 엘리베이터 쪽으로 달려가는데 이는 대단히 위험하다. 이미 굴뚝이 된 계단에는 많은 유독 가스들로 가득 차 있다. 그리고 엘리베이터를 탔다 하더라도 화재로 인한 정전으로 엘리베이터는 연기가 가득 찬 허공에 멈추어 설 것이기 때문이다. 아파트에서 화재가 났을 경우 대피는 엘리베이터나

홍콩의 고층 아파트 발코니

우리나라 대피 공간
(발코니 확장 시 설치)

일본 아파트 대피 구조
(발코니 바닥에 하향식 사다리 설치)

계단보다 발코니를 통해서 하는 것이 더 안전할 수 있다.

지진과 그로 인한 화재가 빈번한 일본의 경우에는 발코니 개조는 말할 것도 없고, 외부에 창을 다는 것조차 법으로 금지되어 있다. 일본에서는 지진 발생 시 깨진 창문이 아래로 떨어져 통행인에게 위험을 가하는 것을 방지하기 위해서도 반드시 발코니를 설치하게 한다. 외기에 노출된 발코니는 화재 시 화염이 상부 층에 전달되는 것을 차단하고, 화재로 인한 유독 가스나 연기를 외부로 유출하여 안전에 유리하다. 우리나라에서는 발코니를 터서 거실로 사용하는 사례가 예전부터 이미 보편화되어 안전 의식이 우려할 만하다.

우리나라 건축 관련법에서는 세대가 연접하여 연결된 발코니 칸막이는 쉽게 파괴되게 설치하도록 하여 피난을 용이하게 하고 또한 탈출 개구부를 설치하도록 하였다. 발코니를 확장하면 발코니가 세대의 전용 공간이 되는데, 이러한 경우에도 긴급 시 안전을 확보하도록 하기 위해 대피 공간을 마련하도록 하고 있다. 발코니 확장 허용(2005. 12)에 따른 대피 공간의 문제를 보완하였는데, 그 규정의 내용을 보면, '공동 주택 중 아파트로서 4층 이상의 층의 각 세대가 2개 이상의 직통 계단을 사용할 수 없는 경우에는 발코니에 인접 세대와 공동으로 또는 각 세대별로 다음 각 호의 요건을 모두 갖춘 대피 공간을 하나 이상 설치하여야 한다. 이 경우 인접 세대와 공동으로 설치하는 대피 공간은 인접 세대를 통하여 2개 이상의 직통 계단을 사용할 수 있는 위치에 우선 설치되어야 한다. 아파트의 4층 이상의 층에서 발코니에 설치하는 인접 세대와의 경계벽이 파괴하기 쉬운 경량 구조 등이거나 경계벽에 피난구를 설치한 경우에는 대피 공간을 설치하지 아니 할 수 있다.'[109]라고 규정하고 있다. 이러한 규정이 있으나, 그래도 오픈된 발코니만큼 성능을 발휘하기는 부족할 듯하다.

  서울시에서는 건축 허가 신청 전에 이뤄지는 건축물 심의 절차에서 아파트의 피난과 방화, 에너지, 도시 경관 등을 고려하여 적어도 발코니의 30% 정도는 확장하지 않는 것이 바람직하다고 건축물 심의 기준을 제정해 운용하고 있다. 그만큼 거주자들의 안전과 피난에 대한 발코니의 역할이 중요함을 반증하는 것이다.

---

[109] 건축법시행령 46조 4, 5항 신설

8장
아파트 발코니 확장

발코니 확장은
우리나라 공동 주택 거주자들의 욕망을
법이 묵시적으로 인정하여 준 괴상한 선물이다.

발코니 확장은 문제점도 있지만
실생활에 좋은 점도 있다.
그러나 당초 취지와는 달리
도시 용적, 건축 외관, 단위 세대의 크기,
아파트 설계와 분양 시장 등에
여러 가지 문제를 유발시키고 있다.

초법적인 발코니 확장은
뒤돌아 갈 수는 어렵더라도
제도를 보완할 필요가 있다.

시대에 맞게 개선하면
더 좋은 환경이 될 수 있다.

8장 아파트 발코니 확장

1
발코니 확장의 특징

발코니 확장

발코니 확장은 유독 우리나라에서 빈번하게 일어난다. 오픈된 공간인 단독 주택에서 생활하다가 좁고 일정하게 구획된 아파트에서 살자니 어떻게 해서라도 공간을 넓히고 싶은 욕구가 분출된 것으로 추정된다. 처음에는 여름에는 덥고 비가 많이 내리고, 겨울이면 추위와 눈이 내리는 우리나라 기후에 대응하기 위해 아파트 발코니에 유리창이 있는 새시를 설치하였다. 이 당시 새시를 설치하는 일은 법 규정에 반하는 것이지만 내 것을 확보하고 지키려는 일종의 소유욕 때문에 공적 공간이기도 한 발코니를 사적 공간화하는 행태로 확산되었다. 누군가의 아이디어로 투명한 유리가 붙은 새시를 설치하자 전염병이 번지듯 발코니에 새시를 설치하기 시작하였다. 불법임이 확실함에도 불구하고 공무원들은 철옹성 같은 주거지의 현관문을 열고 들어가 매번 단속하기가 어려웠다. 그리하여 불법이 합법이 되는 전기를 맞게 된 것으로 추측된다.

전통적으로 우리나라는 농경 사회인데, 산이 많아 농경지가 상대적으로 부족하니 유독 땅에 대한 소유욕이 크다고 한다. 그러나 내 것에

마드리드의 고전 스타일 아파트 ⓒ 최권종

마드리드 시내 중심가의 아파트
[발코니에 일부 새시를 설치한 스페인 아파트]

대한 집착은 비단 우리나라만의 일이 아니라 세계 어느 나라나 일정 부분 공통적이라고 볼 수 있지만 발코니에 새시를 설치하고, 발코니를 확장하는 것은 우리나라에서 유난스럽다. 외국의 경우에는 아파트 발코니에 새시를 설치하는 경우는 매우 드물다. 발코니를 세대가 독점하여 사용하는지의 여부는 내 것에 대한 소유욕보다는 발코니가 위급 시 피난 장소로 이용될 수 있다는 기능을 이해하고 이를 지켜 나가려는 준법정신의 차이에 기인한다고 생각한다. 일본의 경우만 보더라도 기후에 따른 외부 환경이 우리나라보다 좋다고 할 수만은 없는데, 발코니에 유리창이 붙은 칸막이 새시를 설치한 아파트는 전무하다.

우리나라와 유사하게 아파트에 새시를 설치하고 생활하고 있는 풍광은 스페인에서 볼 수 있다. 하지만 스페인의 오래된 아파트 발코니에 설치된 새시는 건축물과 조화를 이루도록 디자인되어 있다. 지은 지 얼마 되지 않는 콘크리트 구조 아파트에서는 새시를 현대적 감각에 맞도록 설치되어 있는 모습도 볼 수 있다.

발코니에 새시를 설치한 아파트

발코니를 확장하여 만든 아파트

[우리나라 아파트 사례 ⓒ 최권종]

발코니 확장 제도

정부는 2005년 12월 이전까지는 발코니 공간의 전용화를 방지하고 발코니가 서비스 면적으로서 주거 생활에 보조적 기능을 하도록 규제하였다. 입주민의 40% 이상이 발코니를 구조 변경하여 거실이나 침실로 확장하여 사용하여 왔음에도 개인 공간에 대한 단속이 사실상 불가능해 당국은 이를 묵인했다. 2005년 10월에 '공동 주택 발코니 제도 개선을 위한 공청회'가 열렸는데 정부는 이를 통해 발코니 공간 전용화에 대한 유연한 태도를 보였다. 이후 선설교통부가 아파트 발코니 구조 변경 합법화를 골자로 한 건축법 시행령 개정을 추진하면서 "이번 개선안이 준공 검사 후 개별적인 구조 변경으로 인한 자원 낭비, 소음으로 인한 이웃 간 분쟁, 강풍으로 인한 발코니 새시의 파손과 추락에 따른 안전 사고 등을 예방하기 위한 조치"라고 그 배경을 설명하였다. 또한 건축법 시행령 개정안은 공동 주택 입주민들의 요구를 최대한 수용했다는 점을 강조하였다.

그러나 발코니 확장을 합법화한 것은 그간의 불법적 발코니 구조 변경을 인정하고 관행을 제도화했다는 점에서 바람직한 면이 없는 것은 아니지만 예상치 못한 부작용도 발생하게 되었다. 처음부터 발코니를 확장할 목적으로 단위 평면을 작성하는 현상이 나타났으며, 연립 주택과 아파트에서 발코니 확장이 없으면 평면 설계 방향을 사용하기 어려운 불합리한 구조를 양산하고 있다. 이는 우리나라에서는 주택 관련 규제가 많아 건축 관련법이 설계를 가이드하고 있기 때문에 일어나는 현상이다.

8장 아파트 발코니 확장

2
발코니 확장의 좋은 점과 문제점

발코니 확장의 좋은 점

발코니 확장은 1인당 주거 면적이 좁은 우리나라 현실에 비추어 볼 때 주거 면적을 넓힐 수 있게 하는 장점이 있다. 초기 아파트는 공사비 등을 감안하여 침실 전면에 부분적으로 설치하였으나 평면의 발달과 분양 경쟁으로 전후면 폭 전체에 걸쳐 설치되기 시작한 발코니는 공간이 좁은 도심 아파트 생활환경에 많은 혜택을 주고 있다. 아파트에 서비스 면적으로 제공된 발코니는 건축 면적 산정에서 제외되는 장점이 있으면서 주 공간을 보조하는 공간으로서 중요한 역할을 하고 있다.

전통 주거에서 일반적인 방의 크기는 10자 × 10자(약 3.03m × 3.03m)가 주류를 이루었고 큰방의 경우 12자 × 12자(약 3.64m × 3.64m)가 대부분이었다. 안방이 집의 중심이 되며 거실 역할을 겸했는데 장롱 깊이를 제외하면 대략 3.0m × 3.6m로 좌식 생활을 하기에는 비교적 작은 편이었다. 자녀들이 주로 기거하는 건넛방은 여러 명의 자녀들이 함께 잠을 자는 공간이었으며 지금에 비하면 크기도 매우 작았다. 생활 수준이 점차 향상되고 생활 방식이 서구화되면서, 가구당 가족 수는 줄

발코니 확장을 이용한 아파트 설계 사례(전용 용60㎡ 이하, 용인 H시티)

어들었지만 침실을 한두 명이 이용하는 등 1인당 점유하는 공간은 늘어났다. 자녀의 방도 입식 문화로 바뀌면서 책상과 침대를 놓을 수 있을 정도로 방의 크기가 커지고 있다. 국민 주택 규모의 소형 아파트 설계 추세(전용 $60m^2$ 이하)는 방의 개수는 줄이지 않고 발코니를 확장하는 수법으로 상품화하는 경향이 생겨났다.

아파트에서 발코니 공간 활용은 여러 장점이 따른다. 먼저 발코니의 기능면에서 보면 생활 보조 공간으로 세탁, 건조, 보조 주방, 장독대, 수납, 실내 정원 등의 공간으로 활용되며 열 손실을 방지하고 소음을 차단하는 등의 건축 환경 보호적 공간이 되기도 한다. 생활 용도 확장 공간으로서 휴식 및 조망, 취미 작업, 침실 보조 및 서재 활용, 운동 공간 등으로 활용되고 있다. 또한 제한된 단위 주거 면적에 거실, 침실, 주방 등 필요 실별 공간 확장에 유용하게 이용될 수 있다. 확장 공간에 스프링클러를 설치하고 소방 시설과 피난 기능 등을 보완하면 거주자의 안전을 위한 공간이 될 수 있다. 또한 고층화에 따른 심리적 불안을 해소하고, 비상 시에는 구조 대기를 할 수 있고, 상하부 층 화재 전이 예방과 지연 역할도 한다.

발코니 확장의 문제점

발코니 확장은 국민 주택 규모(85m² 이하)의 경우 아파트 구입자들에게는 사실상 발코니 면적을 전용화할 수 있게 하는 효과가 생긴다. 발코니를 확장하면 기존 발코니가 수행하던 휴식, 조망, 안전 기능 등의 역할이 축소되어 생활의 다양성이 감소될 수 있다. 고층 아파트인 경우에는 화재 시 소방 기능에 불리하고 피난 통로 확보가 미흡하여 대피 공간 기능 축소로 이어질 수 있다. 또한 발코니 확장에 따른 입면의 단조로움이 발생하고 공간의 깊이보다는 얇고 긴 평면 발생으로 건물의 길이가 길어져 단지의 시각 통로가 협소해질 우려가 많다.

공동 주택에서 발코니는 외벽에서 1.5m 이내 폭으로 설치하면 법적 면적 산정에서 제외하고 있다. 발코니 깊이는 건축물과 이격 거리인 건물 동 간 간격 산정에서도 제외되고 있으나 발코니 확장을 하게 되면 면적은 전용화되고 인동 간격은 실제보다 좁아지는 결과를 가져온다. 발코니는 건축법으로 면적에 포함되지 않는 서비스 면적으로 산정하도록 규정되어 있다. 그러나 발코니 확장은 벽으로 구획되어 전용 면적화하고 있는데 이것은 도시 건축 용적 산정에 오류를 가져온다. 주택가에 건축하는 다가구 주택의 경우에는 발코니를 확장하면 건물이 더 크게 보여 지고 건물 간 간격이 협소해 보이는 효과를 가져 온다.

건물을 지을 때는 건물의 내적인 논리가 있다. 이 내적 논리는 주변 환경이라는 외적 조건과 필연적으로 부딪치게 되어 있다. 중요한 것은 그러한 충돌에 내재해 있는 작은 가능성들을 탐색하고 끄집어내는 것이다. 작은 주택에서 전면 도로에 주차 공간을 만들면 그 위에 필요한 발코니를 둘 수 있다. 에어컨 실외기는 대개 계단실이나 발코니에 두지만, 이것을 지면 가까이에 두면 그 위쪽으로는 실외기의 깊이만큼 주택의 평면을 키울 수 있다. 만약 대지 남쪽에 감나무가 심겨져 있으면 그 방향으로 큰 창을 내어 그것을 바라보게 한다. 그러면 창 너머 보이는 옆집의 감나무는 내 방의 좋은 조경이 되고 나무 그늘이 내 쪽으로 생길 것이다. 바닥 면적이 협소한 주택일 경우엔 비록 마당은 없지만 바닥이 연속해 있어서 하늘이 바닥에 직접 면하는 집이 될 수 있다.[110] 주거지 뒷골목에 임대 수익을 목적으로 짓는 다가구 주택도 주인용이든 세입자용이든 주거 환경을 고려하여 지을 수 있는 건축 문화가 있어야 한다. 무조건 바닥 면적 늘이기는 주거 환경을 열악하게 만들고 있다.

강준만 교수는 저서 "한국인 코드"에서 "오늘날 한국인에게 가장 필요한 건 정열과 냉소의 이중성을 타파하는 일인지도 모른다."라고 했다. 강 교수는 "'공적 냉소, 사적 정열이 지배하는 사회'는 자본주의 경쟁의 장점을 유감없이 드러내는 무서운 에너지를 만들어 내기도 하지만, 삶을 너무 피곤하고 각박하게 만들어 오래 지속되기 어렵다."라고 언급했다. 여기에 사회학자 정수복이 "한국인의 문화적 문법"에서 크게 우려한 '가족 이기주의'를 보태면 공익과 공공성에 대한 생각이 거세된 우리의 자화상을 확인할 수 있다. 우리의 자화상이란 바로 한국인 절반이

---

[110] 김광현, "건축이 우리에게 가르쳐주는 것들", 뜨인돌, 2018, p.535.

사는 아파트에서의 단편적 풍경이다. 전용 공간 확보에 치우친 거주자들의 바닥 면적 확보 경쟁은 우리나라 특유의 주택 공급 제도와 건축법에 명시된 바닥 면적 산정 기준이 엇물리면서 빚어진 매우 독특한 현상이지만 만들지도 않을 발코니를 있다고 가정한 뒤 그 경계선으로 부터 1.5m를 내밀어 유리 분합문을 설치하는 세태가 그렇다. 모델 하우스마다 거실 방향 바닥에 페인트를 칠하거나 테이프를 붙여 여기가 발코니가 시작되는 지점이지만 거실을 그만큼 내밀어 확장할 것이라고 알려주는 그런 풍경 말이다. 모두들 전용 공간으로 사용할 것을 당연시하지만 건축물 대장 등 어떤 공식적인 문건에도 등장하지 않는, 존재하지만 실재하지 않는 면적, '서비스 공간'이 그렇다.[111] 서비스 면적으로 분류된 발코니는 공사 기준 면적에서 제외되나 실제로는 확장을 하면서 공사 면적 증가에 따른 비용 증가로 이어져 분양가가 상승되는 결과를 가져온다.

---

111) 박철수, '박철수의 거취와 기억(11): 나만의 공간 욕망, 길이 1.5m 발코니를 집어삼키다', 경향신문, 2016.10.24.

8장 아파트 발코니 확장

3
발코니 확장의 영향

아파트의 소형화 촉진

    1928년에 유럽에서 창립된 근대 건축 국제회의[112]는 1929년 프랑크푸르트에서 두 번째 모임을 개최하면서 주제를 '최소한의 주거 Existenzminimum'라고 정하고 회의 후 보고서를 발표하였다. 이는 새로운 주거 문화를 정립해야 하는 시점에 인간의 주거 환경에 대한 최소한의 기준을 정할 필요가 있었기 때문이었다. 최소한의 주거에 대한 기준은 건축가마다 달랐지만 주택의 최소 면적에 대해서는 개념은 기본적으로 유사하였다. 르 코르뷔지에는 1인당 기준 면적으로 14m²를 제시하며 이를 '생물학적 단위Biological unit' 또는 '세포Cell'라고 명명했다. 당시 미국에서 정한 공공 주택의 건축 기준은 1인당 12.5~13m²였다. 이 모든 수치는 과학적 분석의 결과였다.[113] 이 같은 기준 설정에 대해

---

[112] 스위스의 예술 후원자인 드 만드로(HélènedeMandrot)의 주창으로 기디온(Siegfried Giedion, 1893~1968)과 르 코르뷔지에(LeCorbusier, 1887~1965)가 중심이 되어 1928년 6월 28일 스위스의 라 사르에 설립된 회의이다.

[113] 손세관, "이십세기 집합 주택-근대 공동 주거 백 년의 역사" 열화당, 2016, p.24.

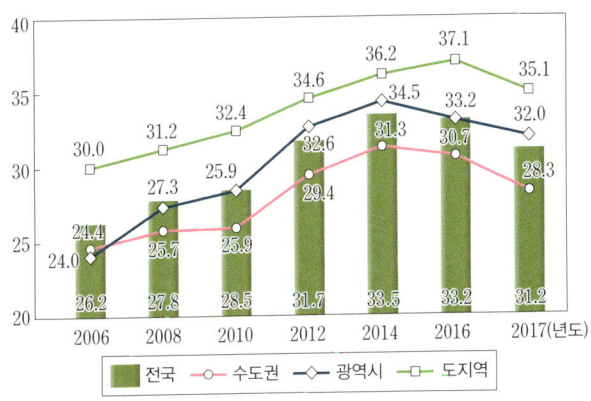

지역별 1인당 평균 주거 면적[114]

 부정적인 평가도 있었지만 1930년대 당시로서는 건축가들이 합리적인 주거 환경을 모색한 결과였다. 이후에도 최소 주거 면적에 대한 기준은 국가나 단체에 따라 달랐지만 유사하게 기준을 정하여 발표되고 있다.

 한국의 1인 가구가 살고 있는 집의 크기는 영국이나 미국에 비해 훨씬 작은 것으로 나타났다. 국토연구원의 주간 연구 보고서(2016. 11. 22) '국토 정책 브리프'에 따르면 한국 1인 가구의 평균 주거 사용 면적은 48.6m^2(전용 면적 기준)로 영국(71.2m^2)보다 작았다. 141.3m^2인 미국에 비해서는 3분의 1 수준에 불과했다. 천현숙 국토연구원 연구 위원은 "1인 가구가 살기 적당한 주택 공급을 늘리고 국민 주택 규모를 새롭게 조정할 필요가 있다."라고 말했다.[115]

 국토교통부의 2017년 주거 실태 조사에 따르면 가구당 평균 주거 면

---

114) 국토교통부, 2017 주거 실태 조사, 2017.12.
115) 한국경제신문, 2016.11.22.

가구당 평균 주거 면적[116]

(단위: m²)

구분		2006		2008		2010		2012		2014		2016		2017	
		가구당	1인당	가구당	1인당	가구당	1인당	가구당	1인당	가구당	1인당	가구당	1인당	가구당	1인당
전체		67.3	26.2	69.3	27.8	68.7	28.5	78.1	31.7	71.4	33.5	70.1	33.2	65.4	31.2
지역	수도권	67.0	24.4	68.9	25.7	66.6	25.9	79.0	29.4	70.9	31.3	68.4	30.7	62.4	28.3
	광역시	64.5	24.0	68.9	27.3	70.4	28.3	80.8	32.6	74.5	34.5	70.3	33.2	67.8	32.0
	도지역	69.5	30.0	70.1	31.2	70.8	32.4	75.1	34.6	70.2	36.2	72.7	37.1	68.4	35.1

가구당 가구원 수[117]

(단위: %)

연도	1인 가구	2인 가구	3인 가구	4인 가구	5인 가구	6인 가구	평균 가구 수
2006	14.4	23.7	21.0	29.6	8.3	3.0	3.04
2010	18.0	24.9	21.1	26.6	7.3	2.2	2.87
2014	26.8	26.2	21.2	19.9	4.7	1.1	2.53
2017	27.9	26.1	21.4	19.2	4.3	1.0	2.47

적이 2012년의 78.m²를 정점으로 갈수록 작아지고 있는 경향을 보이며, 2017년에는 가구당 65.4m²로 줄어들었다. 1인당 거주 면적도 최근 31.2m²로 줄어들었으며 인구가 밀집된 수도권의 경우는 1인당 주거 면적이 28.3m²로 더욱 작다.

'2018 서울 서베이 도시 정책 지표 조사' 보고서에 따르면 서울시의 경우 1~2인 가구가 전체 가구의 절반을 넘고, 가구주의 고령화 현상도 뚜렷한 것으로 나타났다. 월세 비중이 늘어난 만큼 1~2인 가구도 급증하고 있다. 평균 가구원 수는 2.45명으로 2007년 2.76명보다 줄었다. 특히 1~2인 가구는 전체 가구의 54.7%에 달했다. 1인 가구는 2005년 20.4%에서 2016년 30.1%로 늘어나는 등 증가하는 추세다. 자치구별로

---

[116] 국토교통부, 2017 주거 실태 조사, 2017.12.
[117] 국토교통부, 2017 주거 실태 조사, 2017.12.

는 관악구가 45.1%로 1인 가구 비중이 가장 높았다. 중구(38.2%)와 종로구(37.6%)가 뒤를 이었다. 인구 고령화 추세도 뚜렷했다. 가구주 평균 나이는 51.5세로 2007년 48.5세보다 3세 늘었다.[118]

국토교통부 주거 실태 조사의 연도별 가구 구성원의 변화 추이에서도 볼 수 있듯이 우리나라의 가족 구성원 수도 시간이 지나면서 4~5명의 가구 수는 줄고 1~2인 가구 수는 점차 늘어나고 있다. 통계 지표만 종합하면 1인당 거주 면적이 출산 감소·가구 독립·노인 세대 증가 등 여러 사정으로 줄어들고 있으며 가구 구성원도 줄고 있다고 판단해 볼 수 있다.

여기서 우리나라의 경우 단독 주택보다 아파트와 연립 주택이 많아 더욱 작게 조사됐을 것으로 추측된다. 우리나라 거주 형태의 약 60%가 공동 주택에 거주하고 있는 것을 감안하면 아파트의 경우 발코니 면적은 산정에서 제외되었을 것이고 좁은 면적을 발코니 확장을 통해 넓게 사용하는 +α의 면적이 작용하고 있다고 추정할 수 있다.

국민 주택 규모 이하의 소형 아파트의 평면 변화 중 현재까지 가장 큰 영향을 준 요소로는 발코니 확장의 법적 허용이다. 2005년 12월에는 발코니 확장을 제도적으로 허용해 사실상 아파트의 실제 사용 면적이 커졌다. 주거 전용 면적 산정 기준에서 제외되었지만 거주자는 실제 전용 공간으로 인식하고 거실 용도로 적극 사용하고 있고 법적으로도 발코니 공간은 통상 분양 면적이나 공급 면적에 포함되지 않는 서비스

---

118) 한국경제신문. 2018.7.04

1970~80년대
(2Bay 복도형)/발코니: 10.35㎡

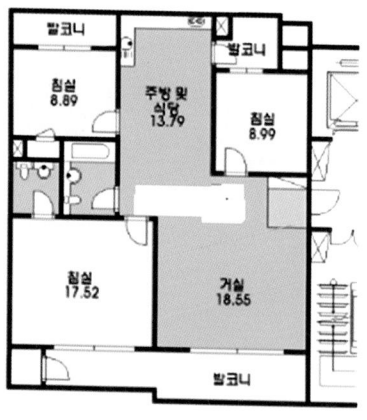

1980~90년대
(2Bay계단실형)/발코니: 20.0㎡

1995 ~ 2010년대
(3Bay계단실형)/발코니: 27.00㎡

기본형

발코니 확장형

2006~ 현재 (발코니확장)
(4Bay형)/ 발코니: 38.00㎡

[국민 주택 규모(전용85㎡이하) 단위 평면 변화]

면적으로 처리되고 있다. 그런 영향으로 최근 공급되는 아파트 단위 평면의 각 실 구성 방식이 발코니 확장을 전제로 설계되고 있으며, 발코니가 각 실의 확장을 위한 수단으로 변질되고 있다.

전용 면적 85m^{2}이하를 기준으로 하고 있는 국민 주택의 경우 발코니를 확장하면 규모 판단 기준이 모호해진다. 확장을 하면 4Bay 평면 기준으로 최대 120m^{2}가량 넓어지기 때문에 40여 년이 지난 국민 주택 기준인 5인 가족 기준도 오늘에 와서 적합한지 생각해 봐야 할 문제이다. 또한 국민 주택 이하 규모에 혜택을 주는 기준과 조세 기준 설정에도 맞지 않는 결과를 야기시키고 있다. 필자는 국민 주택 규모에 대해 이러한 문제를 제기하여 국민 주택 규모를 전용 면적 기준이 아닌 발코니를 포함한 외곽 면적으로 변경해야 한다고 제안하기도 하였다.

다가구 주택과 단독 아파트에서 사라진 발코니

인도에서 출발한 베란다는 여러 문화권을 거쳐서 아파트가 '대세'인 우리나라에도 뿌리를 내렸다. 그러나 아파트나 빌라에 달린 우리나라

기본형 기준층 평면: 발코니(음영 부분)가 개방적이며 건물 면적이 작다.   발코니 확장 평면: 발코니를 전용화하여 건물 면적이 확장되었다.

[발코니 확장을 이용한 다가구 주택 설계 사례(방배동)]

의 발코니는 자연이나 이웃과 만나는 열린 공간이 아니라 새시를 달아 닫힌 공간이 되거나 확장 공사를 해 아예 실내로 둔갑한다. 신문과 잡지는 건축법을 따지기보다는 새로운 주거 생활 정보인 양 발코니를 털어 서재를 꾸미거나 미니 홈바를 설치하는 방법과 시공 사례를 자세하게 소개해 개방적인 공간을 닫힌 공간을 만들도록 부추긴다. 비싸게 장만한 아파트나 빌라에 주거 공간을 한 평이라도 늘리려는 효율성에 밀려서 바깥의 공격(추위와 더위, 소음)의 완충 지대로서 발코니의 본래 기능은 사라진다. 사라지는 건 단순히 발코니의 기능만이 아니다. 집안에 바람을 욕심껏 들이거나 집과 자연이 만나는 공간과 같은 비경제적인 것에 의미를 두지 않게 되면서 삶의 완충 지대, 즉 생존경쟁의 장소인 바깥과 정면 대결을 잠시나마 접어두는 마음의 발코니도 사라진다.

방배동에 신축한 다가구 주택의 경우 코어(엘리베이터+계단실)주변에 기준층 2세대의 기본형 단위 세대 평면을 발코니 확장을 하여 평면 크기가 넓어졌다. 전용 면적이 법적으로 $35.8m^2$인데 실제 사용되고 있는 면적은 $51.0m^2$로 $15.2m^2$ 커졌다. 최근 전국에서 아파트뿐만 아니라 다가구 주택에서 모든 설계와 시공이 이런 식으로 되고 있는 현실이다.

최근에는 다세대 주택이나 단독형 아파트(일명 나홀로 아파트)를 신축하면서 발코니를 전용 공간(거실, 침실, 부엌 등)으로 넓혀 확장을 하고 주거 생활에 편의를 위해 외부에 덧댄 발코니를 볼 수 있다. 발코니는 확장하여 방으로 넓히고 빨래의 건조나 화초 가꾸기에 위해 필요한 공간을 위해 추가로 미니 발코니 격인 철재 틀을 만들어 외벽에 부착하고 있다. 외부로 40~60cm 정도 돌출된 형태로 만들어진 철재 미니 발

거리에 면한 남측 입면   발코니가 없는 측면

[발코니 확장한 다가구 주택(잠실 송파동) ⓒ 최권종]

코니는 유용하게 쓰인다. 이러한 발코니에 화초를 기르거나 에어컨 실외기 등을 내어 놓는데 이는 공간을 효과적으로 쓰고 싶다는 욕망이 그대로 표출된 우리 사회 주거의 모습이다.

사실 인도의 베란다는 여러 점에서 우리나라의 마당과 비슷하다. 바깥과 집을 연결하는 다리橋와 같은 마당은 예로부터 한 집에 사는 사람들과 이웃 사람이 서로 어울리고 이야기를 나누는 장소였다. 일자리를 찾아 각지에서 올라온 사람들이 모여 사는 복잡한 수도 서울의 집 마당도 식구들과 세 든 사람들이 아침에 얼굴을 맞대고 서로의 존재를 확인하던 열린 공간이었다. 그 한쪽에서 채송화와 맨드라미와 같은 꽃들이 피고 작은 나무들이 자랐다. 빌라와 연립 주택, 아파트와 같은 새로운 주거 형태가 서울과 같은 대도시에 늘어나면서 열린 공간인 크고 작은 마당도 사라졌다. 각자 다른 공간을 차지한 사람들은 계단과 엘리

발코니를 확장 후 외벽에 설치한 철망 틀 ⓒ 최권종

베이터를 이용하면서 서로 마주칠 일이 별로 없어졌다. 몸은 가까이에 있으나 서로의 마음은 천리 밖에 있게 된 것이다. 풀과 꽃, 나무들이 자라던 마당이 사라지자 빌라와 아파트라는 새로운 개별 공간인 발코니에는 잃어 버린 자연을 느낄 수 있도록 작은 화분들이 놓여졌다. 죽지 않는 것이 죽음뿐인 이 세상에서 모든 것은 사라진다.

오래 전 여행 중에 들른 인도 남부의 한 호텔에서는 건물의 넓은 베란다에 '베란다'라는 이름의 카페를 열고 커피와 각종 음료를 팔고 있었다. '베란다'에서 마당에 늘어선 열대 식물과 하늘을 찌르는 키 큰 나무들을 바라보는 기쁨이 적지 않아서 하루를 더 묵었다. 그러나 몇 년 뒤 그곳을 다시 찾아갔더니 '빅토리아'라는 이름의 고풍스러운 호텔은 사라지고 대형 쇼핑센터가 서 있었다. 사자와 소는 한 우리에서 살 수 없다. 이성과 동행하는 사랑이 없듯이 경제적인 관점이 지배적이면 인간의 존재는 가벼워진다. 물론 발전의 뒤안길에서 고달프게 사는 인간의 존재도 무겁진 않다. 그럼에도 마당과 발코니가 사라지는 건 아쉽다. 더위와 추위, 소음과 같은 바깥의 극단을 피할 수 있는 발코니라는 공간이 사라지듯이 스트레스 많은 세상에서 물러나 심신을 이완할 수 있는 심리적 완충 공간도 줄어들기 때문이다.[119]

---

[119] 이옥순, '사라지는 베란다를 애도함', 교수신문, 2008.10.28.

8장 아파트 발코니 확장

4
발코니 확장과 분양의 허상

 확장을 해서 발코니가 없어져도 집은 완성되지만 집을 보나 안락하고 여유롭게 만들려면 베란다 기능을 가지는 발코니가 필요하다. 경쟁적 삶의 완충 지대인 마음의 베란다가 생존 경쟁의 정면 대결을 접으면서 이웃과 소통하는 열린 공간이 될 수 있다. 발코니는 주거 생활의 보조 공간 기능, 안전의 기능, 소방의 역할 등을 수행하며 고층화되어 가는 공동 주택에서 꼭 필요한 공간이다.
 발코니 확장은 사업자 입장에서 보면 공사 면적의 증가로 수익성이 기대되지만, 분양 수급자 입장에서 보면 기본형 평면은 선택하기 어렵고 확장형만이 강요되고 있어 공사비 상승으로 국민 주택 규모 분양가가 실질적으로 상승하는 면이 있다. 사실 입주자 입장에서는, 가령 34평형으로 구입하여 발코니를 확장하면 40평형처럼 면적이 커져 상당한 이득처럼 보이겠지만, 분양가는 실제 40평을 염두에 두고 책정된 것이므로 실질적으로는 이득이 없는 것이다. 이런 작은 속임수가 분양 과정에 숨어 있는 것이다.
 작은 속임수의 사례는 인권 운동에서도 있었다. 다음 사진은 미국 민권 운동 역사에서 가장 유명한 사진이다. 1963년 5월 3일 AP통신의 사진 작가 빌 허드슨Bill Hudson이 앨라배마주 버밍햄에서 찍은 사진이다. 빌 허드슨의 유명한 사진에 찍힌 소년은 월터 개즈던Walter Gadsden이다. 그는 182센티미터 키에 나이는 열다섯 살이었고, 버밍햄 파커고등학교 2학년에 다니고 있었다. 그는 보수적인 흑인 가정 출신이었고, 그의 집안은 킹 목사에 대한 비판적인 논조를 가진 두 개의 신문사를 버밍햄과 애틀란타에 소유하고 있었다.

그는 행진에 참여하지 않았다. 개즈던은 켈리 잉그램 공원 주변에 펼쳐진 구경거리를 보려고 오후에 학교를 나섰다. 사진에 나오는 경찰관은 딕 미들턴Dick Middleton이었다. 그는 겸손하고 신중한 사람이었다.

빌 허드슨의 유명한 사진

그의 개의 이름은 레오였다. 개를 다루던 경찰관들 중 누구도 인종주의자로 알려지지 않았고, 그의 소속 부대는 부정행위나 뇌물을 원치 않는 고지식한 사람들로 알려져 있었다.

사진을 자세히 관찰해 보면 놀라운 사실을 발견할 수 있다. 먼저 주위의 흑인 구경꾼들의 표정에서 놀라움이나 두려움을 찾아보기 어렵다. 경찰관은 개 목줄을 꽉 쥐고 뒤로 당기고 있다. 흑인 소년은 왼손으로 경찰관의 손을 꽉 붙들고 있고, 다리로 사냥개를 차는 듯한 모습이다. 후에 이 소년은 자신은 개들이 많은 곳에서 자랐기 때문에 개의 공격으로부터 몸을 보호하는 법을 배웠다고 말했다. "나도 모르게 개의 머리 앞쪽으로 무릎을 들었습니다."라고 그는 말했다. 개즈던은 "나를 물어봐, 여기 있으니까."라고 말하듯이 수동적으로 몸을 맡긴 순교자가 아니었다. 그는 경찰관을 붙잡고 몸을 가눌 수 있었으며, 그래서 개에게 예리한 한 방을 날릴 수도 있었다. 나중에 민권 운동계에서 돌던 말에 따르면 그는 레오의 턱을 부러뜨렸다. 허드슨의 사진은 세상이 그 사진을 보고 생각했던 것과 전혀 달랐다. 약간의 '브레이어 토끼'식 속임수였던 것이다.[120] 이 사진은 다음날 뉴욕 타임즈를 비롯한 주요 일간지 1면에 실렸다. 이 사진을 본 캐네디 대통령은 경악했고, 국무장관 딘 러스크는 이 사진이 '우방국들을 당혹스럽게 만들고 적국을 기쁘게 할 것'이라며 우려했다. 이 사진은 한동안 미 의회를 비롯한 사회 전역에서 화제

---

[120] 말콤그래드웰 지음, 선대인 옮김, "다윗과 골리앗", 21세기북스, 2015, p.211~233. 브레이어 토끼는 조엘 해리스가 쓴 "리머 아저씨"라는 흑인들을 위한 우화집에 등장하는 토끼로 강자에 억압되어 살아가는 불우한 흑인들에게 희망을 주는 꾀 많은 토끼이다.

가 되었고, '1964년 시민권법'을 통과시키는 데 주요한 역할을 하였다.

아파트 분양도 이와 유사한 방법이 동원되고 있다. 발코니 확장이 그렇다. 건설업체는 소비자들의 이해를 돕기 위해 모델 하우스를 가설 건축물로 짓고, 발코니 확장이 마치 소비자들에게 많은 면적인 더 주는 것처럼 속이고 있는 것이다.

신문이나 잡지, 인터넷 등에는 '돈이 될 것 같은' 부동산 관련 광고가 넘쳐난다. 어떤 광고는 실제로 재테크에 큰 도움이 되기도 한다. 부동산 재테크에 관심이 있다면 광고도 유심히 봐야 하는 이유다. 하지만 포장만 그럴듯한 광고가 상당수다. 과대·과장·거짓은 아니더라도 그 뒤엔 함정이 도사리고 있는 예도 많다. 이런 광고를 액면 그대로 믿었다간 크게 실망할 수 있다. "서비스 면적이 많아서 실제 사용 공간은 훨씬 넓습니다. 84m^2(이하 전용 면적)형은 서비스 면적만 40m^2 정도 됩니다. 59m^2형은 서비스 면적이…." 아파트 분양 광고나 분양 상담을 받다 보면 이런 말을 자주 듣는다. 여기서 말하는 서비스는 덤으로 준다는 의미일 텐데, 주택을 비롯해 부동산은 면적 자체가 돈이 아닌가. 서울에서는 3.3m^2당 수백만 원, 수천만 원이 왔다갔다하는데 40m^2를 그냥 준다니, 솔깃할 수밖에 없다. 거짓말처럼 들리지만 그렇다고 거짓말은 아니다. 아파트마다 차이가 있지만 대개 전용 면적의 30~50% 정도의 서비스 면적을 받을 수 있다. 예컨대 경기도 화성시 동탄 2신도시에 있는 ○○아파트 84m^2형 B 타입은 서비스 면적이 전용 면적의 60% 수준인 50.5m^2나 된다. 84m^2형을 계약했지만 실제로는 134m^2을 살 수 있는 것이다. 분양 가격은 차치하고 일단 면적만 놓고 보면 서비스인 게 분명하다. 덤으로 받은 50.5m²는 분양 계약서 어디에도 존재하지 않는 면적이기 때문이다. 아파트 분양 시장에서는 보통 이 면적을 '서비스 면적'이라고 통칭한다.

서비스 면적은 계약자(입주자)가 전용으로 사용하면서도 분양 계약서에는 표시되지 않는 면적이다. 전용 면적은 물론 공급·계약 면적 등 어디에도 표시되지 않는다. 이런 서비스 면적에는 크게 세 가지가 있다. 발코니와 테라스(베란다), 다락방이다. 우선 발코니는 실제 전용 면적이 아닌 붙어 있는 추가 바닥으로 건축법에서는 '전망이나 휴식 등의 목적으로 건축물 외벽에 접하여 부가적으로 설치되는 공간'이라고 정의하고 있다(건축법 시행령 제2조). 용적률 산정 때도 발코니 면적은 들어가지 않는다. 발코니가 서비스 면적인 이유다. 계약자 즉, 입주자가 이 부가적 발코니 공간을 확장해[121] 전용 면적화해 사용하는 것이다.

테라스 역시 마찬가지다. 테라스는 아래층 지붕을 내 집 마당처럼 쓸 수 있는 공간인데, 이 공간이 1층에 있으면 테라스로 2층 이상에 있으면 베란다, 즉 발코니로 구분된다. 그러나 주택 분양 시장에서는 보통 층수 구분 없이 테라스로 통칭해 쓴다. 테라스는 구조적으로 위층으로 올라갈수록 집을 작게 만들어야 하므로 구릉지가 아니면 2~3층 이상에는 적용하기가 쉽지 않다. 그래서 대개 저층의 경쟁력 확보 차원에서 테라스를 들이는 설계 사례가 많다. 15층짜리 아파트라면 1~2층에만 테라스를 들이고 3층부터는 일반 아파트로 짓는 방식이다. 최근에는

●●

[121] 2005년 발코니 확장이 합법화하면서 발코니가 본격적으로 서비스 면적이자 전용 면적 개념에 포함되기 시작했다.

거실 양측 발코니를 확장하여 분양용   거실 발코니를 확장하고 발코니 벽 선을
　　　　모델 하우스 꾸밈　　　　　　　　　바닥에 표시한 모델 하우스

연립 주택 전 층에 테라스를 들이기도 한다(속칭 테라스 하우스). 발코니·테라스 외에 다락방을 통해 서비스 면적이 공급되기도 한다. 다락방은 최상층 가구에 주로 적용하는데, 요즘 유행하는 소형 오피스텔의 복층을 생각하면 쉽다. 테라스나 다락방 역시 전용 면적에는 포함하지 않는 서비스 면적이다. 그러나 테라스나 다락방은 건축 구조상 저층과 최상층 등 일부 층에만 적용할 수 있는 한계적인 성격을 가지고 있다.

　테라스형 주택도 면적이 넓을수록 분양가 비싸진다. 건축 관련법의 취지와는 상관없이 어떤 형태로든 서비스 면적이 늘어나면 수요자 입장에서는 이득으로 생각하기 쉽다. 실제 사용할 수 있는 공간이 그만큼 커지기 때문이다. 그런데 주택 건설 업체는 서비스 면적을 정말 서비스로 즉, 공짜로 주는 것일까? 의미에 따라서는 공짜라고 할 수도 있지만 꼭 공짜라고 할 수도 없다. 가령 지난해 김포시 한강 신도시의 H-테라스 11단지는 4층짜리 테라스 하우스인데 테라스 면적이 넓은 4층 분양가가 상대적으로 테라스 면적이 작은 2~3층보다 1억 원이나 비쌌다. $84m^2$ 를 기준으로 분양가가 4층은 4억 4,000만~4억 5,000만 원선,

2~3층은 3억 3,000만~3억 5,000만 원이었다. 4층에는 옥탑방이 함께 들어가 있는데, 4층 이하의 연립 주택이므로 조망권에 대한 이점이 거의 없다고 보면 결국 분양가 차액인 1억원이 테라스와 옥탑방 가격인 셈이다. 이 주택 4층 계약자는 서비스 면적 비용으로만 다른 주택보다 1억 원을 더 지불한 셈이다.

그런데 이 단지뿐만이 아니다. 최근 몇 년 간 인천 송도·청라지구, 경기도 남양주시 별내지구·김포시 한강신도시 등지에서 나온 4층 이하 테라스형 연립 주택 모두 사실상 서비스 면적 비용이 분양가에 산입되어 있었다. 면적 개념으로는 공짜가 맞지만 실제 비용면에서는 공짜가 아니었던 것이다. 발코니도 마찬가지다. 베이(Bay: 아파트 전면의 기둥과 기둥 사이) 수를 늘려 발코니 면적을 넓히면 그만큼 발코니 확장 비용이 추가로 들어간다. 특히 요즘 나오는 아파트는 발코니 확장을 전제로 평면을 설계하므로 발코니 확장 옵션을 선택하지 않을 수 없다. 분양 성공률을 높이기 위해 건축 사업자의 요구에 따라 기본형으로 설계해 놓고 발코니 확장을 해야 제대로 된 평면 구조로 만들어지도록 유도하여, 발코니를 확장하지 않으면 거실이나 방이 매우 좁아지기 때문이다. 그러다 보니 불

런던 ONE HIDEPARK 아파트 발코니 ⓒ 최권종

가피하게 발코니 확장 옵션을 선택하게 되는데, 문제는 발코니 확장 비용이 만만치 않다는 것이다. 대개 84m²형 기준으로 확장비로만 800만 ~2000만 원 정도가 추가로 요구된다.

같은 84m²형이라도 지역이나 건설 업체에 따라 확장 비용이 천차만별이니 끊이지 않고 확장 비용에 대한 적정성 논란이 일고 있다. 지난해(2017년) 어느 도시에서 나온 한 아파트는 계약자들이 발코니 확장비가 비싸다고 주장하자 건설업체 측이 비용을 40%가량 깎아 주는 일도 있었다. 이런 일이 곳곳에서 벌어지자 은근슬쩍 분양가에 발코니 확장비를 포함시킨 뒤, 분양 때는 '발코니 확장 무료'라고 홍보하는 단지까지 나온다.

그런데 이 발코니는 무한정 키울 수 있는 게 아니다. 건물에서 1.5m 이내로 설치해야 용적률 산정 때 제외된다. 그런데 어떻게 발코니로 전용 면적의 절반에 가까운 면적을 만들어 내는 것일까. 여기에는 주택 건설 업체의 평면 설계 기술이 숨어 있다. 베이 수를 늘려 전·후면 발코니를 늘리는 것이다. 베이를 늘리면 집이 가로로 길어지게 되므로 발코니 면적도 그만큼 커진다. 84m²형은 물론 59m²형에도 3.5베이나 4베이 평면을 들이는 것도 그래서다. 한 대형 건설 업체 설계 관계자는 "베이 수를 늘리면 그 자체만으로 통풍·환기·채광이 좋아지지만 무엇보다 발코니가 커지는 장점이 있다."고 하며 "그러나 베이 수 확대는 용적률·건폐율과 밀접한 관련이 있기 때문에 평면 설계 노하우가 없으면 쉽지 않다."라고 말했다. 서비스 면적은 이처럼 '공짜인 듯 공짜 아닌' 면적이지만 향후 집값에는 큰 영향을 미친다. 분양가가 비싼 만큼 완공 후에도 더 비싸게 거래된다. "분양가가 더 비싸다고 해도 서비스 면적이 넓으면 입주 후에 분양가 차액 이상의 역할을 하는 사례가 많다."라고 분양 전문가는 말한다.[122]

아파트 투기는 10년 주기라는 유행어처럼 아파트 경기 변동이 S 커브 곡선으로 자주 나타난다. 아파트 분양이 호황일 때는 분양을 받기 위해 모델 하우스에 끝없이 늘어선 줄을 종종 볼 수가 있다. 심지어는 청약 접수 순번을 지키기 위해 하루 이틀 밖에서 밤을 보내는 사례도 있었다. 심지어는 유명 연예인을 아파트 광고 모델로 써 소비자들의 투자 욕망을 자극한다. 여기에 현혹되어 투기를 하다 준공 무렵 경기 침체 등으로 손실이 생겨도 투자 홍보를 하던 연예인은 누구도 책임지지 않는다. 수익이 보장된다는 연예인의 말을 듣고 투자한 사람들의 책임으로 돌리는 터무니없는 상황이 종종 발생되기도 한다.

설계자 입장에서 보면, 행정 기관에게서 사업 승인을 받기 위해서는 기본형과 확장형 두 가지 평면으로 설계를 해야 하는 불편함이 있다. 확장을 하지 않으면 세대 내의 개별 공간들을 편리하게 사용하기 어렵고, 한편 건축주의 사업 방침에 편승하여야 하기 때문에 설계자들은 건축 관련법(발코니 확장 허용)을 기형적으로 이용할 수밖에 없을 것이다. 확장을 고려한 계획이 우선시되어 아파트 주동의 형태는 깊이가 엷고 좌우 전면이 과거보다 길어져 입면적이 넓은 형태로 변해지고 있다. 전체 입면적이 넓어져 단지의 시각 통로나 바람길 등이 좁아지고 단지

---

[122] 중앙일보, 2018.02.05.

내 오픈 스페이스 구성에 과거 방식보다 불리하게 작용되고 있다. 이러한 점은 도시의 경관이라는 측면에서 양질의 아파트 설계가 필요하다는 시사점이 될 수 있다.

유발 하라리는 그의 저서 "호모데우스"에서 "윤리와 정치에 해당하는 사실은 미학에도 해당한다. 중세에는 예술을 지배하는 객관적인 잣대가 있었다. 미의 척도에는 인간의 심리적인 감정을 반영하지 않았다. 오히려 인간의 미적 감각은 초인의 지시에 따랐을 뿐이라고 여겼다. 인간의 감정이 아니라 초인의 힘이 예술에 영감을 불어넣는다고 여겨진 시대에 이것은 전혀 이상한 생각이 아니었다. 화가, 시인, 작곡가, 건축가의 손을 움직이는 것은 뮤즈, 천사, 성령이었다. 작곡가가 아름다운 선율을 만들어 내면, 사람들은 좋은 시를 쓴 시인을 칭찬하지 않는 것과 같은 이유로 작곡가를 칭찬하지 않았다. 시인의 펜은 인간의 손에 쥐어져 그 손가락의 지시를 따를 뿐이고, 인간의 손가락은 다시 신의 손에 쥐어져 그 지시를 따를 뿐이었다. 모든 것이 신의 영감에서 기인한다고 여겨졌다. 그러나 이런 견해는 유행이 지났다."고 하였다.[123]

우리는 건축을 예술이라고 칭송하고 때로는 자화자찬을 하기도 한다. 편의주의에 쉽사리 타협하는 건축은 때로는 불편함을 낳는다. 인간이 가장 중요하게 사용하는 주거용 건축에도 윤리가 있다. 건축가 역시 법을 기본 개념을 무시한 채 편의적으로 해석하여 활동하거나 건축업자(속칭 집장사)의 손에 휘둘려서는 안 되고 도시와 건축의 미래를 예측하여야 한다.

---

123) 유발하라리 지음, 김명주 옮김, "호모데우스", 김영사, 2017, p.317.

9장

살기 좋아지는 아파트

아파트에서 발코니는
좁은 아파트 공간에서
다양한 성격의 생활 공간으로 만들어 가고 있다.

발코니 공간에 사용자의 기호에
맞게 꾸며 내는 살아있는 생활 공간을 만들어 주자.
사막같이 건조한 도심 생활에
나만의 오아시스 같은 공간을 만들어 갈 수 있다.

최근 아파트는
무한 변신 중에 있다.
첨단 AI 시대에 맞추어 주거 성능이 우수한 아파트,
그리고 자연환경을 실내에 끌어 들이고 에너지가
최저로 사용되는 아파트로,
친환경 살기 좋아지는 아파트를 만들어 가고 있다.

9장 살기 좋아지는 아파트

1
발코니가 있는 집

발코니가 있는 아파트

발코니는 그 자체로 여러 가지 상징성을 가지고 있다. 그곳으로 올라가 그 아래를 내려다 볼 수 있는 전망대 같기도 하고, 높은 곳에서 운집한 군중들과 대화를 하거나 자기의 주장을 외칠 수 있는 장소로서의 상징성을 가지고 있다. 발코니는 공중에 널따랗게 펼쳐지는 열린 땅 같은 것으로 입체적으로 쌓여 있는 아파트 같은 건축물에서는 마당과 같은 구실을 한다. 또한 가족생활을 영위하는 공간이며, 그곳에서 문화적인 생활을 꾸려 갈 수도 있는 공간이다. 콘크리트로 뒤덮힌 사막 같은 현대 도시에 존재하는 오아시스 같은 발코니는 폐쇄 공간이 아닌 열린 공간으로 재탄생되어야 한다.

근세 이후 아파트 건축물에는 대부분 발코니가 설치되어 있다. 사람이 생활하는 공간을 폐쇄된 구조에서 밖을 향해 열린 공간으로 만든 변화였다. 서양의 개방형 주거와는 다르게 폐쇄적인 우리의 아파트 공간 구조에서는 더욱 열린 공간이 필요하다. 베란다 발생지 인도에서는 이를 '바깥에 있는 집안'으로 여겼다. 그러한 발코니 공간을 우리는 새시로 틀어막고 심지어 벽을 세우면서까지 '나만의 공간'인 것처럼 전용화하여 닫힌 공간으로 만들어 버렸다. 특히 주거용 건축물에서 우리는 발코니의 본래 의미를 헤아려 볼 여지가 너무 크다. 아파트 발코니에 대한 욕구는 많을수록 좋다The more, the better. 제한된 아파트 공간에서 여러 가지 생활 공간이 필요하기 때문일 것이다. 발코니 확장이 시기적으로 필요했을지 몰라도 다른 한편으로 발코니가 가지는 고유 기능을 잃어 버리게 되어 이로써 생활에 또 다른 불편한 점이 나타난다.

물고기는 크건 작건 대부분 지느러미를 가지고 있다. 지느러미는 주로 몸통 위아래로 달려 있는데 어떤 물고기는 머리 부분 눈 아래 볼 옆에 달려 있기도 한다. 물고기는 지느러미로 속도를 내기도 하고 방향을 잡기도 한다. 비행기도 공기와의 마찰을 최대한 줄이기 위해 유선형으로 설계된다. 거기에 양력과 방향을 잡기 위해 양측 날개와 뒤편 날개를 부착하고 있다. 만약 만약 물고기에 지느러미가 없고 비행기에 날개가 없으면 어떤 모습일까? 물고기가 물속에서 헤엄을 칠 수 있으며, 비행기가 창공을 날 수 있을까?

우리가 사용하는 건축물에도 물고기의 지느러미와 비행기의 날개와 닮은 것이 있으니 그게 바로 발코니이다. 발코니는 설계할 때 위치와 크기, 모양에 따라 건물의 외관을 어울리게 장식하는 중요 요소로 작용하기도 하고, 도심의 거리를 삭막하지 않게 장식하고 외부와 소통하는 공적 장소로서의 역할도 한다. 또한 발코니는 그 밖에 여러 기능적인 작용을 하고 있다. 비와 눈, 바람 등과 같은 기상 조건에서 주거 생활을 보호하는 역할도 하고, 심리적인 안정감뿐만 아니라 화재 등 재난 시 피

Auckland 아파트 발코니

난 공간으로서의 역할을 한다. 입체적 공간으로 구성된 아파트는 발코니가 없으면 생활이 매우 불편해진다. 발코니가 있어야 마치 주택의 마당이나 대청마루를 갖추고 생활하는 느낌을 받을 수 있고, 다양한 활동을 할 수 있는 생활의 보조 공간Service yard이 확보될 수 있을 것이다.

아파트 발코니 사용이 엄격하게 규제되고 있는 일본에서 발코니에 화초나 채소 등을 심어 정원으로 만들자는 주장이 나타나고 있다. 아파트 공용 공간에 대한 다양한 궁리가 표출되고 있는데 이는 아파트 선택 시 하나의 포인트가 되고 있다. 그중의 하나가 '발코니'의 활용에 대한 것이다. 일본에서는 아파트 발코니를 공용으로 취급하지만 일정한 한도 내에서 전용 사용권이 인정되기 때문에 방 앞의 발코니를 개인적 용도로 사용할 수 있다는 것을 전제로 한다. 일본에서 발코니를 다양하게 사용할 수 있기를 희망하는 사람들은 그곳에서 채소도 가꾸고, 소파를 놓아 휴게 공간으로 활용할 수 있기를 희망하기도 한다. 또한 독일처럼 바비큐를 할 수 있는 장소로 사용하고 싶어 하기도 하며, 거기서 맥주를 마시며 석양을 즐길 수 있기를 희망하고 있다.

일본과 달리 발코니 공간을 서비스 공간으로 제공하여 사유화하는 우리나라는 선택의 폭이 넓다. 그렇다고 해서 발코니 확장을 통해서 전용 공간화하는 것은 좋은 선택이 아니다. 사실 아파트 발코니는 전용 공간을 연장하는 것과 같은 용도 즉, 입주 예정자가 원하면 주거 공간을 더 넓혀 주는 공간이 아니라 고유한 기능을 갖는 특수한 공간이다. 우리나라에서는 주택 관련법으로 국민 주택을 전용 $85m^2$ 이하로 규정하고 있지만 발코니를 전용 공간으로 확장을 허용함으로 서비스 면적이 실내 전용 면적 증가 효과를 가져와 사실상 평면의 크기가 커져왔음을 알 수 있다. 국민 주택 기준이 되는 85m² 이하의 규정이 무너져 버린 결과를 초래하고 있다. 그로 인한 주택 공급 기준과 부동산에 세금을 부과하는 기준이 공정하지 못한 결과를 초래하였고, 각종 기준이 현실적으로 맞지 않고 애매해지는 방향으로 진행되고 있다. 그렇다고 해서 현재 우리나라 아파트 공급 실태나 거주 상황을 고려하면 발코니 확장을 불허하거나 그 조건을 변경하기는 현실적으로 어려울 수 있다. 그러나 주거 생활의 질이 개선될 수 있도록 발코니 설계와 건축 관련법 규정에 대한 연구와 제도 개선이 필요하다. 예를 들면 발코니 확장을 적정 비율로 제한(예를 들면 발코니 면적 1/2 이하까지 확장 가능)한다든지, 아니면 발코니를 서비스 면적으로 하지 말고 건축 면적에 포함하거나 입면 형태에 대한 표준적인 디자인을 마련한다든지 하는 방안을 재고할 필요가 있다. 우리나라 아파트는 사실 건축 관련법이 설계를 가이드하고 통제하고 있기 때문이다. 선진화 시대에 들어 다시 돌이켜 생각해 볼 문제가 아닌가 싶다.

  제도를 만들 때는 그 파급 효과를 시간을 두고 심도 있게 고려하여야 한다. 예상치 못하게 전개되는 법의 적용으로 사회적으로 문제를 일으킨 사례가 많다. 발코니 확장 허용도 현재와 같이 전개되리라고 예측을 못했을 것이다. 불편한 것을 편리하게 개선한다는 것이 또 다른 문제를 만들어 내는 결과가 되고 있다. 이러한 것은 이윤 추구에만 몰두하는 건축 사업자들뿐만 아니라 여기에 동조해 기발한 아이디어를 만들어 내는 건축가들 때문이다. 이들의 공리적인 책임이 요구된다.

생활 공간으로 변모하는 개성 있는 발코니

　마당 있는 집을 떠나 아파트에 살게 된 사람들은 발코니에 김칫독이나 장독을 놓기도 했고, 화분을 하나둘 놓으며 아담한 화단을 꾸미기도 했다. 담배를 태울 마당을 잃은 가장家長이 거실에서 쫓겨나 발걸음을 하는 종착지도 발코니였다. 하지만 2005년 발코니 확장이 합법화되면서부터 발코니를 튼 집이 급격히 늘어났다. 발코니를 없애고 거실이나 주방, 방을 넓히는 '분양 옵션'을 선호하는 사람들이 늘면서 발코니 확장이 대세가 됐다.

　발코니 확장이 분양과 청약의 대세임에 불구하고 발코니를 개성 있게 생활 공간으로 활용하는 사례가 종종 소개되고 있다. 발코니 확장이 아파트 설계와 주택 시장에 지대한 영향을 주고 있지만, 사용자의 건축적 관념에 따라 최근 발코니가 '반전의 공간'으로 거듭나고 있는 것이다. 바쁜 일과에 미세 먼지까지 걱정하면서 집 앞 공원마저 나가기 쉽지 않은 현대인들에게 발코니가 일상의 숨구멍 같은 공간으로 변신하는 것이다. 유현준 교수(H대 건축학과)는 "공원과 산책로는 공공 공간이기 때문에 1대 1로 자연을 만날 수 없지만 발코니는 전통 주택의 마당처럼 사적으로 자연과 마주할 수 있는 공간"이라며 "옛날 마당 풍경이 발코니에서 재현되고 있다. 도시의 표정을 만드는 발코니가 사라지면 현대인의 삶은 더욱 피폐해질 수밖에 없다."라고 말했다. '일상의 철학가'로 불리는 스위스 출신의 영국 작가 알랭 드 보통은 "장소가 달라지면 나쁜 쪽이든 좋은 쪽이든 사람도 달라진다."라고 말했다. 일상의 장소나 공간을 바꾸는 것만으로도 나와 가족이 달라질 수 있다면 게으름을 피울 수만은 없는 일이다. 변화를 줄 만한 집 안의 만만한 공간이 발코니다. 무엇을 하기에도, 무엇을 하지 않기에도 참 애매한 규모지만 자신만의 개성과 취향을 담아 집안의 오아시스를 만들어 내는 사람들이 있다.

일에 활력 넣어 주는 미니 실험실로서 발코니를 활용하는 사례가 있다. "곤충도감" 등 곤충 세밀화로 유명한 권 모 작가의 남양주 덕소 집 발코니는 봄이면 시끌벅적해진다. 권 작가에게 발코니는 '작은 생태계의 보고寶庫'이자 산과 들이다. 발코니에서 여러 곤충의 일생을 관찰해 도감圖鑑으로 옮기거나 그림책 소재로 쓴다. 발코니에 사는 곤충들은 자연에서 채집한 것들이다. 잘 키우다 아파트 화단이나 자연으로 돌려 보내 주곤 한단다. 권 작가에게 발코니는 작은 실험실이고, 곤충들에겐 인큐베이터인 셈이다. 권 작가는 "어쩌다 곤충들이 펼치는 경이로운 광경을 목격하는 날엔 이 나이에도 가슴이 두근두근 뛰어요. 보잘것없지만 생명력 넘치는 이 공간이 참 좋습니다."라고 말한다.

경기도 과천에 있는 어느 농장의 경영자는 자기 집 발코니에 대해 "어떤 것이든 마음껏 시도해 볼 수 있는 실험 공간"이라고 했다. "거실이나 주방, 방은 이미 짜여 있고 가구가 있어 변화를 주기가 쉽지 않지만 발코니는 하얀 스케치북처럼 무엇을 가져다 놓기에도, 어떤 일을 벌이기도 편해요." 예쁜 패브릭을 깔고 마음에 드는 식물들을 재배치해 보고, 의자도 이리저리 옮기다 보면 영감이 살아난다고 한다. 마이알레 초입 단독 주택에 사는 그 경영자는 혼자 사색을 즐기고 싶을 땐 자택 발코니에서 시간을 보낸다. 자연 채광이 잘 되는 발코니에서 운동을 하

화단으로 꾸민 발코니 ⓒ 최권종

생활 공간으로 이용되는 발코니

거나 밀짚모자로 해를 가리고 낮잠을 잔다. "해를 보고 자연과 마주해야 우울감이 떨쳐지죠. 발코니는 집에서 광합성을 하면서 혼자만의 시간을 보낼 수 있는 유일한 곳입니다."

발코니에 나무 데크나 매트를 깔거나 평상을 제작해 그 옛날 마당의 툇마루처럼 사용하는 가정도 많아졌다. 용인에 사는 인기 블로거인 주부 김 아무개 씨는 하루 중 많은 시간을 발코니에서 보낸다. 식물이 자라는 화분 몇 개 외에 바닥에 타일 형태 카펫만 깔아둔 발코니는 하루에도 몇 번씩 다용도 공간으로 변신한다. 동남향인 발코니에 해가 들어오면 요가 매트를 깔고 바깥 풍경을 바라보며 요가와 명상을 하고, 여섯 살 아들이 돌아올 시간에 맞춰 간이 테이블을 펼친 뒤 간식을 준비한다. 블로그에 올릴 사진을 찍을 땐 자연광이 들어오는 발코니만큼 멋진 스튜디오가 없다고 한다. 김 씨는 "이따금 주방에서 음식을 가져와 야외로 나온 듯 발코니에서 브런치를 먹으며 기분도 내고 삼겹살 파티도 해요. 요즘처럼 미세 먼지 때문에 바깥 활동을 못 하는 시기에 발코니마저 없다면 견디기 어려웠을 거예요."라고 말한다.

발코니에 텃밭을 만들거나 아이들 놀이방으로 꾸미는 건 낯선 일이 아니다. 요즘은 반려 동물을 키우는 가정이 늘면서 마당을 대신하여 발코니가 반려 동물의 놀이터가 되기도 한다. 1인 가구인 일러스트레이터 김 아무개 씨는 이사를 하며 아파트 발코니를 고양이를 위한 공간으로 꾸몄다. 발코니에 수납 용품이나 짐을 쌓아 놓는 대신 일종의 고양이 아파트인 '캣타워'를 설치해 반려 고양이 '요나'와 '두나'의 놀이터로 활용하고 있다. "개와 달리 고양이는 크게 짖지 않아 발코니에서 키우기 적합해요. 배변 뒤처리도 수월해져 삶의 질이 높아졌어요." 아파트 정면에 있어 '앞 발코니(앞 베란다)'로 불리는 공간뿐 아니라 방에 딸린 발코니를 활용하는 것도 재미있다. 어떤 이는 신혼집 방에 딸린 발코니를 다락방처럼 꾸몄다. 아내와 함께 '마음껏 어질러도 되는 공간'이라고 명명하고 그곳에서 음악을 듣거나 책을 읽는다. "거실도 좋지만 좁은 공간이 주는 아늑함과 안정감 때문에 발코니에 있으면 힐링이 되는 기분이 들어요. 스트레스가 쌓일 때 자연스레 여기서 시간을 많이 보내게 돼요."

외국에선 '개러지garage, 차고'가 남자들의 공간으로 대표되지만 한국 사회에서 가장家長이 자신만의 공간을 갖기란 쉽지 않다. 몇 년 전부터 목공이나 프라모델이 취미인 남자들 사이에서 발코니를 작업실로 만드

서재로 꾸민 발코니

휴게실로 꾸민 발코니

작업실로 꾸민 발코니

음악 감상실로 꾸민 발코니

는 게 유행이다. 발코니를 작업실로 꾸민 '베란다 공방'이란 말도 생겼을 정도다. 대학 건축토목학부 연구원인 임 모 씨는 발코니에서 취미 활동을 하다 자택 2층 발코니를 아예 목공 작업실로 꾸몄다. 틈날 때마다 인테리어 소품부터 집 안에 필요한 가구까지 직접 만든다. 완벽한 취미 활동을 위해 발코니에 집진기와 저소음 공구도 갖췄다. "40대 가장이 되고 보니 아빠란 존재의 아웃풋이 월급으로만 대변되는 게 아쉬웠어요. 집 안에 나만의 취미 공간을 꾸며 마당에서 썰매나 연을 만들어 주고 집도 수리해 주던 옛날 아버지의 모습을 아이들에게 '생중계' 해 주고 싶더라고요. 제가 작업하는 모습을 보면서 아이들이 과정의 소중함도 느꼈으면 했고요."

"공간의 심리학'의 저자 바바라 페어팔Barbara Perfahl은 자신이 쓴 책 "공간의 심리학: 내가 원하는 나를 만드는 공간의 힘"에서 사람들이 집을 불편해 하는 근본적인 이유는 자신의 '주거 욕구'를 파악하지 못했기 때문이라고 지적한다. "자신이 집에서 가장 충족되기를 원하는 욕구가 무엇인지 파악하고, 자신의 공간에 마음껏 드러내야만 편안하고 안락한 공간을 만들 수 있다."고 했다.

빨래 건조대에 빼앗긴 발코니에도 봄은 왔다. 어떤 공간으로 꾸밀지 고민하기에 아직 늦지 않았다. 방치되던 자투리 공간인 발코니를 자신의 취향에 맞는 공간으로 만드는 방법은 간단하다. 불필요한 것을 과감하게 버리는 것부터가 시작이다. 수납이 문제라면 조립식 수납장을 활용한다. 특히 문이 달린 캐비닛 스타일의 조립식 수납장을 활용하면 부피가 큰 물건들도 붙박이장에 넣은 듯 깔끔하게 수납할 수 있다. 바닥

타일이 마음에 들지 않을 땐 조립식 마루나 조립식 타일, 타일 카펫이 답이다. 시중에 다양하게 출시돼 있다. 발코니의 치수를 정확하게 계산해 필요한 만큼 깐다. 단, 조립식 타일은 인테리어 공사에 비해 비용과 시공 시간에 대한 부담이 적지만 먼지가 끼거나 물청소가 어려울 수 있다. 인테리어 관련 인기 블로거 김 아무개 씨는 "조립식 타일 대신 재질은 카펫인데 모양은 타일처럼 생긴 '조립식 타일 카펫'을 활용하면 언제든 깔았다 걷어냈다 할 수 있다."라고 귀띔했다. "발코니에서 요가를 하고 책도 읽고 브런치와 간식도 먹는 다용도 공간으로 활용하려면 발코니를 최대한 비운 뒤 포인트를 줄 식물만 두고 접이식 간이 테이블과 의자를 활용해 보세요. 좁은 공간이지만 알차게 쓸 수 있답니다."라고도 말한다.

나무 소품이나 조각, 가죽·자수·뜨개·캔들 공예 작업실도 발코니에 꾸며 볼 만하다. 대부분의 발코니엔 배수 시설이 돼 있어 작은 조리대를 설치해 '미니 주방'으로 쓰거나 접이식 캠핑 테이블이나 의자 등을 둬 캠핑 공간처럼 활용하는 것도 재미있다.[124]

이상은 발코니 확장으로 초래된 불편한 생활을 개선하려는 사례로서, 발코니가 생활에 활력을 줄 수 있음을 보여 준다. 발코니를 확장하면 빨래를 건조하거나, 화분을 가꾸는 것이 어려워지고, 가사 작업 공간 등이 없어 주거 생활에 불편함이 따른다. 단순히 발코니를 확장하는 것보다 가족 구성원이 개성 있게 공간 연출을 시도해 보는 것도 좋

---

124) 조선일보, 2018.3.16.

을 것이다. 다행인 것은 서울시가 '건축물 심의 기준'을 마련해 무분별한 발코니 확장 따른 단점을 일부 보완하려는 행정적 노력을 하고 있다. 서울시는 발코니의 벽면율[125]을 심의 기준으로 적용하여 '공동 주택의 공공적 가치 증대 및 디자인 향상을 도모하고, 창의적인 건축물 건축을 통하여 서울시 도시 경관을 창출하는 데 목적을 둔다는 취지로 아파트 발코니 확장을 부분적으로 제한하고 있다.

---

[125] 벽면율이라 함은 측벽을 제외한 외벽의 전체 면적을 기준으로 창문 등 개구부 면적을 공제한 외벽 면적의 비율로서 보통 요즘 짓고 있는 아파트의 벽면율은 30~35% 내외에 이른다.

2
친환경으로 변신하고 있는 아파트

동물들에게 주거 공간은 매우 중요한 안식처이다. 집을 짓는 다는 것은 선사 시대로부터 인간에게 의미가 매우 컸다. 누에는 열흘만 살다가 집을 버린다. 그런데도 누에는 그 집을 지을 때 창자에서 실을 뽑아 낸다. 제비는 여섯 달만 살다가 버리는 집을 짓는데 진흙을 조금씩 물어와 침을 섞어 만든다. 까치는 한 해만 살기 위한 집을 짓기 위해 열심히 풀과 볏짚을 물어 오느라 입이 헐고 꼬리가 빠져도 지칠 줄 모른다.

그런데 이러한 동물들에게는 어디에도 소유 관념이 없다. 그러나 인간은 집을 소유하고 생활하다가 생활의 터전을 옮길 때는 살던 집을 팔아 이득을 남기는데, 이처럼 집을 재산으로서 부의 수단으로 삼는다. 인간의 소유욕이 대단할 따름이다. 그래서 주거 공간에 대한 연구가 활발해지고 시대를 거슬러 발전해 왔는지도 모른다.

최근에는 아파트에 대해 환경 보존과 에너지 절감이 점점 중시되는 추세이다. 최근 캐나다와 덴마크에서 자연환경을 주제한 독특한 프로젝트가 진행 중에 있다. 모두 테라스 하우스 형식을 띤 프로젝트인데 도시 환경에 적응하기 위해 고층 아파트로 계획된 것이 특징이다. 캐

벤쿠버의 Terrace House   덴마크 Aarhus 지구 Nicolinehus

나다 벤쿠버의 Terrace House는 건축가 시게루 반Shigeru Ban이 계획했는데, 이는 세계에서 가장 높은 목재 타워가 될 테라스 하우스이다(2018~2020). 새로운 타워 옆에 있는 에버그린 빌딩 테라스 하우스는 완공되면 밴쿠버에 있는 브록 커먼즈보다 18미터 더 높아 세계에서 가장 높은 목조 건물이 될 것이다.

덴마크의 Aarhus 지구의 니콜리네우스Nicolinehus는 초현대식 건물로 덴마크 해안 지역의 변화가 심한 일조와 날씨에 적응하기 위해 만들어진 계단식 디자인을 특징으로 하고 있다. 새로운 항구 지역인 아르후스에서 주택과 상업적 개발을 위한 계획안으로 채택되었다. Bricks의 부동산 개발자들과 협력하여 만들어진 이 새로운 디자인은 현대적 접근 방식을 특징으로 하며, 도시 중심부의 오래 된 주택가 블록에서 영감을 이끌어 내었다. 그 결과 독특하게 열린 모습과 느낌을 만들어 내는 엇갈린 표면을 특징으로 하는 고전 블록과 계단식 조정이 혼합되어 있다. 이 디자인은 밝고 넓은 발코니를 빨간 벽돌로 만들고 식물의 생명력을 그 안에 통합시킬 것이다. 이 계획안은 선착장과 항구 인근의 수영장으로 이어지는 주택과 상업 지역으로 나뉠 것이다. 또한 니콜리네우스Nicolinehus는 두 개의 안뜰을 개방 공간으로 하고 있으며, 옥상 정원은 주민들이 조망을 즐길 수 있도록 계획되었다. 계단에는 햇볕을 받을 수 있도록 구멍이 뚫린 벽돌이 설치될 것이며, 건물은 해안가의 기후 조건에 견딜 수 있도록 설계된 재료로 만들어질 것이다.

그동안 우리나라는 한정적인 대지에 될 수 있는 한 고층 건물이 되도록 설계하고 분양하여 왔다. 아이러니하게 새로이 계획된 대도시 주변 신도시일수록 더욱 그렇다. 고속 도로변에서 바라보면 높은 콘크리트 벽처럼 보이는 경관이 우리의 시각을 편치 않게 만든다. 아직도 아파트 동 수를 줄여 공사비를 절감하고 높은 층을 선호하는 입주자들의 입맛에 맞출 뿐 주거의 질에는 소홀한 편이다. 도시와 건축을 연구하는 전문가의 염려만 있을 뿐 마땅한 대안 제시에는 소홀해 왔다. 그러나 희망적인 것은 우리나라 아파트 주거가 60년을 지나오면서 그 시대마다 많은 사회적 변화에 대응하여 빠르게 발전해 오고 있다는 것이다.

최근에는 살기 좋은 친환경 아파트 단지로의 변신을 추구하고 있는 사례가 늘고 있다. 환경에 부담을 덜 지우는 친환경 건축이 국가적인 화두로 떠오르자 각 건설사에서는 앞 다투어 미래 주택을 선보이고 있다. 공공 기관 및 대형 건설사들이 연구하고 시험한 최신 친환경 기술

영국 런던 밀레니엄 빌리지

독일 프라이브르그 친환경 단지

을 이용한 아파트 상품을 내놓고 있다. 아파트 상품도 무한 경쟁 시대에 진입하여 앞으로는 친환경 아파트가 아니면 소비자들로부터 외면당할지 모른다. 미래의 신재생 에너지로 각광받던 태양열, 풍력, 지열은 우리 일상생활 속으로 쑥 들어왔다. 이제는 태양열을 미래 에너지라고 부르기도 약간 쑥스럽다. 최근 새로 짓는 아파트에는 태양광 전지판을 부착한 단지가 많아졌다. 빗물을 모으는 장치도 따로 마련되고, 버리는 물도 알뜰살뜰 재활용 되게 한다.

생태 주거 단지라 하면 흔히 떠오르는 이미지가 자연 속에 띄엄띄엄 지어진 단독 주택 형식인데 반해, 런던의 밀레니엄 빌리지는 6~10층 규모의 주거 동을 밀집시켜 비용을 절감하고 여러 개의 작은 광장을 두어 커뮤니티 공간을 만들었다. 1,435대의 차를 수용하는 주차장은 중앙 광장 지하에 설치하여 단지를 거닐 때에 자동차 경적 대신 새가 지저귀는 소리를 들을 수 있게 했다.

밀레니엄 빌리지의 친환경적인 계획 요소를 보면, 우선 옛 마을의 속성을 되찾고 걸어 다닐 수 있는 공간을 조성하기 위해 지상에 자동차가 없는 단지로 만들었다. 그리고 커뮤니티를 활성화하기 위하여 커뮤니티의 사회적·물리적 인프라를 건설하였다. 타원형으로 설계된 마을 센터는 마을 커뮤니티의 중심 공간으로, 모든 곳에서 걸어서 5분 내에 접근할 수 있도록 계획되었다. 뿐만 아니라 가상의 커뮤니티 센터를 설립하여 인터넷 공간에서 정보를 교환하고 의견을 나눌 수 있도록 시도하였다.

건물에 차양을 설치하고 찬바람을 막고, 겨울철에 태양열을 잘 흡수할 수 있도록 설계하였다. 남향으로는 큰 창을, 북향으로는 작은 창을 두어 에너지 효율을 높이고, 고단열 재료를 사용하였다. 겨울철에 건물 내로 유입되는 공기의 열 교환을 최대로 하는 입면 계획과 기밀성을 높일 수 있도록 정확한 조립과 건설을 하여 에너지 소비를 50%까지 줄일 수 있도록 하였다. 태양열 풍력 등의 에너지 사용을 최대화하고 열 병합 발전을 확대하여 단지뿐만 아니라 인근 지역에도 공급한다. 단지 중앙에 풍력 발전기를 설치해 물 펌프용으로 사용하고 개별 주거에는 태양광 발전용 집광판을 설치하였다. 아울러 바이오매스를 이용한 열 병합 발전을 통하여 난방의 대부분을 공급한다.

설계를 통해 물 요구량을 최소화하고, 단지 내 우수 집수와 재이용을 최대화시켰다. 모든 주택에 절수형 기기를 설치하고 화장실 변기는 중수를 이용한다. 단지 내 포장은 투수성 자재를 사용하고 연못의 정화를 위해 갈대를 식재했다. 또한 건설 폐기물을 최소화하기 위한 방안으로 정확한 시공에 의한 폐기물 발생량 저감과 공장에서 제작된 조립 제품 사용을 최대화하였다. 또한 지방 재생 공사와 계약을 체결하여 종이, 유리, 플라스틱, 철재 등의 유용한 폐기물을 수집하고 재활용할 수 있는 계획이 수립되었다.

노원 에너지 제로 하우스

　우리나라 건설 분야에서도 에너지 소비가 많았던 아파트가 뭔가를 만들어 내고 재활용하는 공간이 될 수 있다는 가능성을 입증할 만한 연구와 발전이 거듭되고 있다. 이로써 친환경 모범 도시로 알려진 독일 프라이브르크Freiburg 못지않는 면모를 갖추게 될 것이다.

　지하 주차장에 햇빛이 많이 들게 설계하거나, 집광 시설을 이용해 빛을 한 곳으로 모아 지하 공간에 자연 채광을 끌어들이는 방법도 시도되고 있다. 최근에는 좀 더 적극적인 방식의 친환경 아파트가 등장하고 있다. 집 자체가 에너지를 덜 쓰게끔 만들어진 아파트이다. 신소재 단열재와 고성능 콘덴싱 보일러, 2중 유리보다 단열이 더 뛰어난 3중 유리를 적용하기도 한다. 실내 조명 기구도 일반 전구 대신 고효율 램프(LED 등)를 사용한다. 이런 친환경 아파트가 지향하는 최종 목표는 '탄소를 배출하지 않는 집'이다. 석탄 연료를 쓰지 않고도 아파트에 필요한 에너지를 조달하는 것이 최종 목표인 것이다. '탄소 제로 에미션zero emission

하우스' 또는 '제로 에너지 하우스'로 변신하기 위해 아파트는 단열재를 외부 벽체를 덧붙여 단열 효과를 높이는 외단열 공법을 사용하거나, 유리 사이를 진공 상태로 하거나 유리를 더 붙인 고효율 유리를 적용한다. 연중 내내 일정한 온도를 유지하는 지열을 이용해 차가운 공기를 덥혀 지중 덕트를 통해 집으로 들여보내 난방 보조 에너지로 사용하기도 한다. 이러한 친환경 아파트는 크게는 지구 환경을 보존하는 데 기여하고, 작게는 아파트 거주 세대의 관리 비용을 절감해 주고 자연 친화적 환경에서 살 수 있게 함으로써 삶의 질 또한 향상시킬 수 있다.

과거 아파트 단지가 주거의 기본적인 기능인 숙식 문제를 가장 우선시하였다면, 현대의 아파트는 그뿐 아니라 생활의 편리함과 효율성뿐만 아니라 세대 상호 간의 소통을 쉽게 하는 방향으로 발전하고 있다. 과거 아파트 단지는 산업 혁명 시대에 도시 주거 대책으로 지어진 아파트처럼 단위 세대를 겹겹이 포개 놓은 구조로 된 주동과 밖에 설치된 지상 주차장과 기본적인 부대 시설(놀이터, 노인정 등)을 갖춘 것이었다. 그러나 최근에는 생활 수준이 향상되면서 단위 세대 평면이 입주자의 라이프 스타일을 고려하여 다양하게 제시되고, 세대마다 증가한 차량을 위해 이용하기 편리하고 안전한 지하 주차장을 만들고 있다. 또한 정원 같은 단지 내의 조경 시설과 편의 시설뿐만 아니라 세대 간 소통을 위한 커뮤니티 시설 등을 갖추고 있다. 주민들의 건강을 위한 운동 시설과 생활에 유익한 여러 가지 부가적인 기능들을 구비하여 살기 좋은 아파트 단지로 변모하고 있다. 옥의 티라면 발코니를 공짜 면적으로 인식하여 이 서비스 면적을 어떻게 하면 넓게 설계하여 전용 공간으로 넓혀 볼까 하는 생각으로 발코니를 확장하는 세태가 우려스러울 뿐이다.

아파트 단지가 시설 측면의 하드웨어적인 변화와 더불어 단위 세대 공간에서도 소프트웨어적인 요소들이 강화될 수 있도록 변신되어야 한다. 돌이켜보면 예전에는 더 많은 인구를 수용하기 위해 집약된 공동주택 위주의 건설이 유행하였고 무엇보다도 경제성을 중시하다 보니 정들었던 이웃집과 골목이 사라지고 아파트 단지가 우후죽순처럼 들어섰다. 이로 인해 이웃과의 교류가 약해지고 주거도 닫힌 공간으로 변했다. 이제는 주거 단지도 과거의 동네처럼 서로 교류할 수 있는 여건들을 중시하여야 할 것이다. 여러 이웃이 함께 사용하는 아파트의 복도와 마당을 이웃이 서로 교감할 수 있는 길과 꽃밭 같은 공간으로 만들어야 한다. 섀시를 설치해 꼭꼭 닫아 건 다음 나만의 전용 공간으로만 쓰던 발코니를 조망과 휴식이 있는 장소로 만들고 밖으로 활짝 열어 조그만 정원이 되도록 하자. 아파트 단지를 거닐며 발코니를 타고 오르는 화초들 속에 고개를 내민 꽃과 작은 교감을 나눌 수 있는 그런 발코니를 주민 모두가 만들어 가야 한다.

포스트 모더니스트인 로버트 벤투리는 "사람들은 아름다운 건축을 누릴 권리가 있어요. 도덕적인 이유 때문이 아니라 아름다운 건축을 보고 그 속에서 사는 것이 기쁨이 될 수 있으니까요. 그리고 그 기쁨은 모든 사람이 누릴 수 있어야 해요."[126]라고 건축가들에 건축에 임하는 자세에 대하여 말하였다.

---

[126] 한노 라우테르베르크 지음, 김현우 옮김, "나는 건축가다", 현암사, 2010, p.138.

스토리가 있는 발코니

초판 1쇄 발행 | 2019년 7월 25일

지은이	최권종
펴낸이	한영아
펴낸곳	위더스북
출판등록	2007년 12월 5일 (제313-2007-000243호)
주소	(우: 08835) 서울시 관악구 복은길 43-11 (신림동)
전화	02) 333-3696
팩시밀리	02) 324-3222
전자우편	paperplane@hanmail.net

값 20,000원
ISBN 979-11-963793-3-9 (03610)

이 출판물은 저작권법에 의해 보호를 받는 저작물이므로 무단 전재와 무단 복제를 할 수 없습니다.

이 도서의 국립중앙도서관 출판예정도서목록(CIP)은 서지정보유통지원시스템 홈페이지(http://seoji.nl.go.kr)와 국가자료종합목록 구축시스템(http://kolis-net.nl.go.kr)에서 이용하실 수 있습니다.(CIP제어번호: CIP2019028281)